高等职业教育艺术设计类专业系列规划教材

鞋的经典

——现代时装鞋类经典解读

主 编　盛 锐
副主编　陈启贤　李敏嘉

WUHAN UNIVERSITY PRESS

武汉大学出版社

图书在版编目(CIP)数据

鞋的经典:现代时装鞋类经典解读/盛锐主编.—武汉:武汉大学出版社,2020.8
高等职业教育艺术设计类专业系列规划教材
 ISBN 978-7-307-21630-3

Ⅰ.鞋… Ⅱ.盛… Ⅲ.鞋—设计—高等职业教育—教材 Ⅳ.TS943.2

中国版本图书馆 CIP 数据核字(2020)第 117158 号

责任编辑:杜筱娜   责任校对:郭 芳   装帧设计:吴 极

出版发行:**武汉大学出版社**　(430072　武昌　珞珈山)
　　　　(电子邮箱:whu_publish@163.com　网址:www.stmpress.cn)
印刷:武汉市金港彩印有限公司
开本:880×1230　1/16　印张:10　字数:249 千字
版次:2020 年 8 月第 1 版　　2020 年 8 月第 1 次印刷
ISBN 978-7-307-21630-3　　定价:60.00 元

序

2015年5月，国务院印发了《中国制造2025》，部署全面推进实施制造强国战略。这是我国实施制造强国战略第一个十年的行动纲领。

《中国制造2025》提出，坚持"创新驱动、质量为先、绿色发展、结构优化、人才为本"的基本方针。近年来，由于全球经济一体化的迅猛发展，制鞋业正经历着一场深刻的变革。从发展趋势看，制鞋业正逐步优化产业结构，提升产品品质，以创新为内生动力的发展趋势日益显现，设计研发是制鞋业实现创新驱动的重要引擎。以往粗放的来样加工打版模式亟须向原创设计方向转化。在这一转化过程中，提高产品设计研发能力是最为核心的工作之一。

《鞋的经典——现代时装鞋类经典解读》正是在这一大背景下出版的一部实用性很强的教材。本书围绕时装鞋类设计研发工作展开，列举分析了国内外不同的设计开发模式，旨在夯实设计工作的基本功——运用"经典"元素，兼收并蓄，融合东西方差异化的设计理念。本书搜集并梳理了大量的经典设计元素，可以在很大程度上为设计师提供快捷选项，方便设计师在实际工作中对经典元素进行选择与组合。

本书的编写团队由来自设计院校和行业企业的专家组成。他们曾主持"鞋类设计师"国家职业标准、鞋类设计与工艺专业教学标准修订等多项重要行业工作。他们在行业、院校一线工作的丰富经验，以及在产、学、研等方面的长期积累，使本书内容丰富，蕴藏真经。他山之石，可以攻玉，希望本书对鞋类设计师同人及其他读者有所裨益。行业的发展，归根结底依靠行业人才和健全的多层次人才培养体系。让我们一起在鞋类设计的路上携手努力，共创我国鞋业的美好明天！

李珏中

2020年4月于北京

前　言

经过多年的建设和发展，我国鞋类产业链呈现出较为完整的状态，各种产品的种类也较为齐全。我国早已成为全球首屈一指的鞋类制造大国。随着我国国民经济的快速发展，我国的经济结构和市场现状也正在发生着快速而深刻的变化。我国在全世界范围内所扮演的角色也正发生着改变，呈现出由"生产制造型"向"设计研发型"、由"大而多"向"强而精"转变的趋势。产品设计创新、高端材料研发、高新科技开发等环节的重要性日益突出。

在世界范围内，鞋子的种类十分丰富，这就为从事鞋类设计开发的设计师群体提供了极好的研究资源。纵观历史发展，丰富的产品种类在很大程度上源于世界各地差异化的地域文化、制造手段以及各具民族特色的服饰审美情趣。随着历史的发展，其中有些种类的鞋子已经成为当今社会的经典；有些种类在当今社会偶然出现，成为流行元素；有些种类则成为小众品类或逐渐消失在历史的尘埃中。我国的服饰文化在近代随着社会形态的转变发生了巨大的变化，快速完成了从民族传统服饰向现代化服饰的转变。在转变过程中，势必要吸收和学习新文化、新元素。在这些新的非本土服饰元素中，很多元素源于其他区域或民族的文化，如果对服饰文化没有一个清楚的认识，很可能会造成元素误用，贻笑大方。尤其是从事鞋类设计的设计师，更要了解并熟练掌握源自不同文化的鞋类经典设计元素及其相关的背景文化，避免出现设计语言的"张冠李戴""南辕北辙"。

虽然我国的制鞋行业十分庞大，在世界范围内具有举足轻重的地位，但在教育领域中，鞋类设计或服饰品设计教育始终未达到与产业规模相匹配的规模和程度。2015年以前，我国教育部发布的艺术设计类专业名录中未出现相关专业名称。此外，与开设服装设计专业的院校相比，全国开设鞋类设计等相关专业的院校要少得多。通过多方努力，2015年教育部公布的高职专业名录中增设了"皮具艺术设计"专业，但在本科及本科以上层次的专业名录中仍未出现相关专业。在一定程度上，我国制鞋行业设计人才的培养还无法满足产业发展的需求。

制鞋行业的前辈为我国的制鞋行业发展做出了诸多贡献，他们出版了许多高水平、高技术含量的专业著作。这些著作多为工程类、工艺技术类、设计方法类、品牌认知类。本书的编写则旨在帮助读者和行业从业者了解经典、学习经典、使用经典，进而"站在巨人的肩膀上"进行设计创新。任何一个门类的学习都有一个由浅入深的过程，如学习书法时没写过楷书就学写行草是不正确的顺序。不了解、没读懂鞋的经典款就进行所谓的"设计创新"，也是一种不正确的学习过程。没有"温故",何来"知新"?

我国和欧洲设计强国在设计工作环节存在较大差异。时至今日,我国制鞋行业广泛使用的仍然是以"借鉴、改良、拼凑"为主的"传统设计方法"。这源于我国制鞋行业长期以来所扮演的"生产者"的角色和赖以生存的"来样加工工厂模式"。与欧洲设计强国"原创型"的设计开发流程相比,我国基于"工厂模式"的产业要求庞大的产品数量和丰富的产品种类,没有时间去开展周期较长的"原创"设计开发,长时间以来只能追求设计的"短、平、快"。随着时代的进步,我国制鞋产业正在发生着一次新老模式的迭代,原创设计开发的重要性日益显现。设计源自文化,要做好现代设计,必须对设计文化追本溯源。要打通东西方设计文化的隔阂,需运用正确的设计语言诠释设计师的设计主张。

本书的编写联合了来自设计院校和行业企业的具有多年从业背景和国内外设计经验的多位专家。大家将自己多年积累的设计经验在这里进行总结和共享,以期为国内新一代鞋类设计师搜集、解读经典设计语言提供一些素材,让他们形成行业认知,快速由"行外"进入"行内"。

本书由盛锐担任主编,并负责主体内容的编写和统筹。陈启贤、李敏嘉担任副主编,陈启贤负责本书部分章节的编写和全书内容的审读;李敏嘉及上海工艺美院学生团队负责全书图片资料的搜集和制作。

由于时代和行业的飞速发展,很多知识实时发生着更新换代。同时由于编者的专业水平有限,书中难免会出现谬误之处,真诚欢迎广大行业同人及其他行业的读者批评、指正,以期日臻完善本书。

盛　锐

2019 年 6 月 12 日于曒城

目 录
CONTENTS

1 关于鞋

1.1

鞋的定义

　　鞋，英文名称为 shoe 或者 footwear。英文对鞋的解释是：当人们进行各种活动时，对穿着者的脚起到保护作用并使其舒适的一种物品，也可出于装饰和时尚的目的。

　　《现代汉语词典》（第 7 版）对鞋的解释是：穿在脚上、走路时着地的东西。

　　这么司空见惯的东西似乎不太有必要非得给出一个定义，或者它的定义不需要那么确定、统一。对一个事物下定义，一般是对某种事物特性的高度提炼，以事物与异类相比的特性加上其同类的共性为参考。按照这一规律，我们在这里尝试着用自己的语言描述鞋：穿着于足部，起到保护（保暖、防水、防伤害）、装饰及协助行动等作用的人工制品。在这个描述中，体现了如下要点：

　　（1）它是能穿着的，而非佩戴、吊挂、粘贴于足部的物体。

　　（2）与其他服饰品相区别，它是穿着在足部的，而非身体其他部位。

　　（3）与袜子、护脚等相区别，它可以长时间与地面等外界环境相接触。

　　（4）它是具备保护、装饰等一种或多种实用功能的。

　　（5）它是一种人工制品。目前尚未发现除人类以外任何其他动物主动使用任何未经加工的物体作为鞋子。

　　（6）它虽然是一种人工制品，但它也可广泛穿着于其他生物及非生物的"足部"。

　　颇费了一番脑力，我们总结出了上述定义，但其意义何在？这个定义似乎只能用于学术讨论或教学互动等环节。但在思考过程中却让人由衷地感受到另外一个层面：我们身边一些长久存在又司空见惯的东西往往一直被忽略，不曾有人真正追本溯源地关注过它们。而对它们的关注会使你发现它们是那么的有趣和迷人。

1.2

鞋的简史

1.2.1　世界范畴

　　早期的人类是不穿鞋子的，直到现在，我们仍能看到一些原始部落中的人赤脚行走。最早的鞋是什么时候出现的呢？在当今这个时代，这个问题没有人能够回答。远古人类一定是将一块什么东西穿在脚上很长时间之后，才决定管它叫"鞋"。虽然远古的往事难以回溯，但我们可以从现有能找到的资料中发现一些相关信息。

到目前为止，我们可以看到实物并确定年代的最早的鞋是2008年在亚美尼亚山洞中发现的一只皮鞋。据英国BBC报道，这只被命名为Areni-1 shoe（图1-1）的鞋已经5500多岁了。这一"年龄"是由牛津大学和加利福尼亚大学放射实验室共同确认的。据推测，由于山洞内阴凉干燥、恒温恒湿；再加上被发现时，鞋上覆盖了厚厚的羊粪，使得鞋子得以隔绝空气，所以这只鞋保存完好。被发现时鞋内还塞满了草，这些草不知是用于足部穿着时保暖还是为了填充以保持鞋不穿着时的形状。这只鞋子是用一整块皮革制成的，由脚底向上包裹至脚背，在脚背处用鞋带束紧。鞋带也保存完好。类似这种古老做法的鞋子在当今一些国家和地区仍然可以看到，例如巴尔干地区的Opanci鞋（图1-2）。

图1-1

图1-2

当然，在世界其他地区还出现了很多古老的鞋子，它们有的据推测甚至已有7000～10000年的历史，但这一点并未得到确认。

从以上两图可以看到，这两种鞋子在工艺做法上似乎存在着某种联系。结合今天人们脚上穿着的鞋子，可以看到鞋子的发展。我们有理由相信，早期的鞋子是由一整块皮革或其他材料包裹脚底而制成的。这样的做法可以非常直接地表现出早期鞋子的功能就是对足底进行保护，使行走更为安全和舒适。

1.2.2 中国范畴

历史惊人的相似。在我国长沙发现的西周的鞋靴也是用皮革材料由脚底向脚背包裹而成。据史料记载，我国早在夏商时期就有人开始使用皮革制作鞋子了。

除了"鞋"这个名字以外，鞋在历史上还使用过以下名字：先秦的"屦""屝""舃"，汉代的"屦""屩"，后汉的"屐""履"，等等。由于所处的历史时期不同、工艺和档次不同，鞋在发展的过程中有了这些字形和发音各异的名字。

在我国，各个传统行业都有一个祖师，各个行业的祖师都有一个与该行业密切相关的传说。众所周知，鲁班是木工行业的祖师，杜康为酿酒行业的祖师，皮革制鞋行业则普遍奉孙膑为祖师。孙膑为战国时期杰出的军事家，他与庞涓拜师鬼谷子（王诩），两人曾为同窗，后孙膑因被庞涓嫉妒、陷害而被削去双膝致残，被救往齐国。他为了保护残肢，改良了原始制鞋工艺并发明了过膝靴子。后来的制鞋行业从业者为纪念他，将他奉为本行业的祖师，并以挂画、雕像（图1-3，位于云南丽江束河的孙膑雕像）的形式纪念他，每年举行仪式进行祭拜，以感谢祖师传艺。

相关资料也记载有其他说法。例如：有的人认为鬼谷子是制鞋行业的祖师，也有孙膑"削足救樵"的传说。在这里就不一一详述了。但所有这些传说都说明制鞋行业是传承有序的，是有悠久历史和文化积淀的。正所谓

"认祖归宗"，制鞋行业从业者必须了解自己所从事的行业的"前世今生"，学好这入行的第一课。

鞋的出现最初是以御寒保暖、安全防护等实用性功能为目的的。随着人类的审美追求逐步提高，鞋子出现了初步的装饰。阶级产生之后，鞋子也成了划分阶级等级的重要标志。在古希腊，是否穿鞋就是区分自由人和奴隶身份最显著的标志（图1-4）。

可以想象的是，与我们现在所认识的鞋子不同，早期的鞋子是以实用为目的的，是不分左右，甚至是不分性别的。时至今日，我们仍可以看到有些地区的鞋类男女通用、左右脚通用的例子，图1-5所示为不分左右脚的千层底。

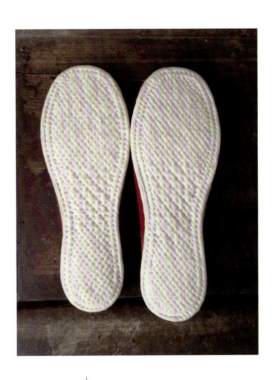

图1-3
图1-4 ｜ 图1-5

鞋的分类

1.3.1　常用分类

历史的时钟走到今天，我们能见到的鞋的种类十分丰富。而丰富的种类就决定了其分类的多种方式。

按穿用对象分类：男鞋、女鞋、儿童鞋、老年鞋等。

按穿着季节分类：单鞋、夹鞋、棉鞋、凉鞋等。

按制作材料分类：皮鞋、布鞋、胶鞋、塑料鞋等。

按制作工艺分类：缝绱鞋、注塑鞋、注胶鞋、模压鞋、硫化鞋、冷粘鞋、粘缝鞋、搪塑鞋、组装鞋、发泡鞋等。

按头型分类：方头鞋、方圆头鞋、圆头鞋、尖圆头鞋、尖头鞋等。

按跟型分类：平跟鞋、半高跟鞋、高跟鞋、坡跟鞋等。

按鞋帮类型分类：高勒鞋、低勒鞋、中筒鞋、高筒鞋等。

按用途分类：日常生活鞋、劳动保护鞋、运动鞋、旅游鞋等。

按风格分类：时装鞋、休闲鞋、运动鞋等。

1.3.2 标准分类

上述分类方法多且复杂，那到底有没有一种通用、统一的分类方法呢？相关文献中，将鞋分为日常用鞋、功能鞋、童（婴幼儿）鞋和其他鞋四类。以下对日常用鞋和功能鞋进行介绍。

（1）日常用鞋。

①休闲鞋：凉鞋、拖鞋、一般运动鞋、雪地靴、布鞋等。

②正装鞋：西装鞋、商务鞋、时装鞋等。

（2）功能鞋。

①康复鞋：矫形鞋、糖尿病鞋等。

②职业鞋：护士鞋，军鞋，警鞋，安全、职业、防护劳保鞋等。

③专业运动鞋：足球鞋、篮球鞋、网球鞋、羽毛球鞋、高尔夫球鞋、登山鞋等。

④其他：抗菌鞋、防水透气鞋、智能鞋等。

1.3.3 分类的价值

科学合理的分类体系有利于制鞋行业从业者和设计师快速定位产品，有利于形成全面而准确的产品体系。

本书所涉及的内容主要是时装鞋。时装鞋种类丰富，是鞋子类别中的一个主要分支，与休闲鞋、运动鞋相区别，它主要是非运动时穿着。时装鞋包含男鞋和女鞋。

另外，本书的主要内容为鞋的经典款式解读，因此书中所涵盖的鞋的类别也是以款式种类进行划分的，如平底鞋、凉鞋、高跟鞋、靴，而非按照风格、穿着季节、穿用对象、制作工艺等其他标准进行划分。

1.4

现代鞋的结构

由于鞋的种类非常丰富，所以鞋的结构也具有多样性，比如前文列举的古老的鞋子，它的做法和结构就和当前社会中流行的主流鞋类存在明显的不同。本书并不能将所有鞋类结构一一列举，只期望在人们最熟悉的品类中寻找共性，用以帮助从业者看清其内部结构。接下来，我们就以男鞋结构（图 1-6）、女鞋结构（图 1-7）为例，一探鞋的结构之究竟。

鞋面（upper）：位于成品鞋的表层，可直观观察到。鞋面与鞋的款式、风格、结构、设计、图案等关系最为紧密。

衬里（lining）：又称内里。其是指缝在鞋内腔壁的一层皮革，具有增强定型与保护功能。其材料通常为较柔软的牛皮、羊皮、猪皮或人造材料。

衬布（counter）：衬里与帮面皮革之间的纱布夹层，用以绷帮时定型，增强皮革韧性，平衡皮革延展性，并且防止皮革撕裂。

鞋垫（sock）：鞋子与脚直接接触的部件，或直接放置或胶粘于内底之上，以提高鞋子的舒适度和美观度。高端鞋一般采用真皮做鞋垫，普通鞋多用 EVA 或 PU 等材料。

港宝（toe puff, stiffener）：又称（前）包头和（后）主跟。其是指位于足尖和足跟部位，放置于鞋面与衬里之间，起局部塑形和足部保护作用的硬质材料。

内底（insole）：又称中底。鞋垫之下最接近脚的鞋底内层，为外底与鞋垫的夹层，绷帮时用以固定帮脚。

勾心（shank）：又称铁心、腰铁等。其是指放置于内底板后半段的金属条状物，其目的是用来强化鞋子的腰部，使其能够支撑人体的重量而不变形。

防水台（platform）：放置于鞋前掌内、外底之间的鞋底增高层。多应用于时装款式的女高跟鞋。

外底（outsole）：又称大底。鞋与地面接触的主要部分，位于鞋的最底层。外底材质和形式较为多样，通常最外层使用耐磨材料制作。

鞋底填充物（filler）：也称填芯。位于内底和外底之间，填充在一圈帮脚范围之内，使外底附合后保持平整。

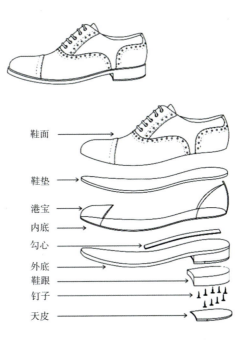

图 1-6

　　鞋跟（heel）：位于足跟部位，内底或外底以下的块状物。根据设计风格不同，鞋跟可有不同的造型、材质、粗细或高度。

　　天皮（top piece）：位于鞋跟与地面接触的部位，是鞋跟的一部分，通常为坚硬耐磨材质。其多设计为可替换结构。

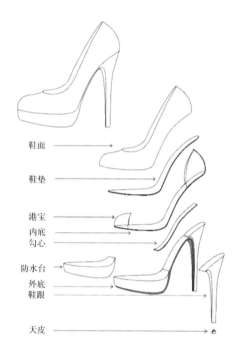

鞋面

鞋垫

港宝
内底
勾心

防水台
外底
鞋跟

天皮

图1-7

2 关于经典

2.1

经典的由来——时尚与流行

既然本书主要讨论的是"经典"，那么什么是经典？我们认为"引领潮流的"叫时尚，"很快就不流行的"叫流行，那么经典就是永恒的时尚、永远的流行。应该说，经典来自时尚和流行，并在时尚和流行中脱颖而出，获得人们的认可。它意味着某些设计款式深入人心，获得传承。100 年前设计出来的款式，到了今天仍然没有过时，"原型来自历史，长期流行于现在"，这就是经典设计。比如，脍炙人口的经典歌曲《难忘今宵》，人人都能哼上几句，是央视春晚经久不绝的主旋律。白衬衫是经典设计，POLO 衫是经典设计，牛津鞋是经典设计，它们都是百年不变的经典款，来自历史某一阶段。

纵观国际鞋履大牌公司，无一例外都会有某一款或几款有代表性的"拳头产品"，也就是它们的核心款、百年不变的经典款。例如：Gucci 的马嚼子扣环乐福鞋，Tod's 的豆豆鞋，Clarks 的沙漠靴，匡威的橡胶底帆布鞋，等等。再如，作为英国高级手工鞋业界三巨头之一的爱德华·格林（Edward Green），自 1890 年创办以来，一款 202 楦型的三接头牛津鞋一直做到现在，这款鞋风格圆润、稳重，以舒适著称于世，因此被世界各国鞋厂纷纷仿制，中华人民共和国成立后在我国生产的"将军鞋"的灵感即由该款鞋而来。由此可见，单款鞋设计流行上百年并非天方夜谭，它的价值是任何一个哪怕创意非凡的时尚款式都不能比拟的。放眼全球鞋类设计行业，与东亚国家追捧时尚潮流的风气不同，欧美同行们大多深爱经典款。

人们穿经典款的目的似乎已经超越了美不美观的层面，考虑更多的是得不得体、符不符合社交礼仪及场合与角色定位，经典款在传达身份、品位等信息方面，甚至堪称一门语言。文化通常表现为固有社会传统与习惯。因此，我们可以发现文化在鞋品设计领域影响深远。这种服饰文化，造就了经典。本书介绍鞋靴经典款式及细节的章节，将向读者呈现部分具有代表性的经典设计是如何传承与发展的，并说明这些鞋款的场合性。

2.2

经典的价值和重要性

一件设计作品能否成为时尚，很大程度上取决于时尚产业的推动。我们认为，国际大牌设计师群体是创造和发起某类时尚的源头，人们在审美心理上的喜新厌旧是时尚流行的内在动力。新的设计往往由奢侈品品牌公司和设计师品牌公司，通过在巴黎、伦敦、米兰等城市举办的国际时装周及影视、体育名人，由广告、杂志、电视等媒介导入市场，继而被大众一时追捧，奉为"时尚"。一般而言，国际大品牌在新品时装秀后的几周内，就会有产品面市。十几周后，大量跟风产品就进入市场（快时尚品牌能做到先人一步）。流行产品设计师在时装秀时尚风向标的指引下，演变出形形色色的跟风产品，时尚被大规模复制、分裂和延伸，就像无数缤纷绚丽的肥皂泡漫天飞舞，令人眼花缭乱。最新潮的流行款式充斥街头，以迅雷不及掩耳之势以及铺天盖地的影响力，先是在大商场、时尚购物中心，随后在大街小巷轻易俘获大众，直到最不爱打扮的男女老少搭上流行的末班车，最终消失在昨日的时光里。一轮大大小小的"肥皂泡"纷纷消散在阳光下，尘埃落定，下一轮旋即而至，依然琳琅满目，气势恢宏。一件设计作品经历的起源、发展、流行、裂变、失宠、被人遗忘、最终消失的过程，就是时尚流变的生命周期。

绝大多数时尚设计都逃脱不了流行一阵子后失宠、被人遗忘，乃至被淘汰、消亡的规律，仅有极少数设计经久不衰，最终成为经典。假如由某位设计高手设计的新款，被推向市场后，其功能与美感取得了人群的广泛认可，即使时过境迁仍能在未来岁月里再度复苏、重焕光彩，那么它很有可能沉淀下来，成为又一个经典。例如，由法国设计大师罗杰·维维尔（Roger Vivier）在 1963 年设计的方扣鞋，其设计样式是在浅口鞋的基础款型上加入一个大大的银色金属方扣，盖住鞋头。这款富有中产阶级优雅情调的高跟鞋，自诞生后便广为流行，成为 20 世纪 60 年代被仿制次数最多的女鞋款式。

20 世纪 70 年代方扣鞋沉寂下来，在随后的 80 年代卷土重来，成为当时职业女性搭配裤装的选择并日益普及，同时在潮流的催化下，演变出更多大同小异的款式。风行一时之后，此类风格再次陷入低潮期，然而每次复兴都会吸纳一批忠实"粉丝"，让这一鞋款拥有了一个相对稳定的客户群。潮起潮落，几经轮回，金属大方扣经受了时间的考验，如今已是公认的经典元素，从最初的时尚设计成功发展为永恒的时尚风格。纵览现代时尚发展史，新颖的时尚设计层出不穷，但能留下来成为经典的却微乎其微，屈指可数，足见"经典"之地位无法被动摇！

我们还发现，时尚总是从昔日经典中汲取灵感，大牌设计师们的拿手好戏是让经典元素在新形式中"复活"，许多国际大品牌推出的新款不过是被人遗忘的旧风格的复苏和改造。有人说"所谓时尚不外乎旧翻新"，从这层意义上说不无道理。不知道读者是否思考过，那些奢侈品牌公司的设计师们为何追崇经典？我们不是每天都在讲创新吗？无中生有的想象力和颠覆前人的创意，难道不更应该得到推崇吗？我们认为，经典备受追崇的原因至少有两点：

其一，经典是创新的基础。任何创新都需要建立在传统之上，创新和传统是一组相互对立又依存共生的概念。正所谓"温故而知新"。知道什么是已有的，才知道什么是未有的。很多没有经验的设计师想凭借自己的"满腔才华"做出惊世骇俗的全新设计，颇费周折完成后才发现某品牌或某设计师早已做过类似的设计。"新"设计瞬间变成"旧"设计，这就是其前期的学习和积累不够所造成的。任何一个经典款之所以能沉淀为经典，是因为它是经过时间检验、已经适应了市场的样式，能够被大众毫不费力地接受（用流行词来说就是"接地气"）。从经典中可以发现人们审美的倾向和规律，进而指导创新设计。

其二，经典是创新的源泉。一方面，论设计的成熟度，经典款鞋靴无疑是最成熟的产品；从文化的角度看，称其为人类的文化遗产，亦不为过。它们的每个样式，无不是经过一代代制鞋匠人深思熟虑，千锤百炼，最终确定下来的基础款型，是前人匠心与才智的结晶。我们相信，功能与美感、知性与感性达到完美融合的设计，方能称为经典。正因为经典是经过历史检验的，在人们心中是有重要地位和美好回忆的，也是具备深厚文化底蕴的，所以设计师时常将它们重新拿出来进行复刻或再造，它们能勾起人们的往日情怀，或能使人们通过产品感受历史文化的积淀。另一方面，设计师进行新产品开发的方式有很多种，而寻找、发掘经典是设计师进行新产品开发的必要手段之一。设计师往往通过这种方法在某一特定时间段向某一段经典文化或经典人物致敬。

3 经典的材料

经典的面料

材料是设计师进行产品设计最为重要的素材。设计师必须具备丰富的材料相关知识，不但要了解材料的种类，还要熟练掌握材料的特性及用途。不仅如此，还要保持对新材料的关注，掌握材料的前沿资讯和流行趋势。很多时候，材料市场可以作为新设计产生的原点。新的材料必然会推动新产品的产生。设计师掌握的材料越多，相当于手中的武器越多，就越容易做好材料的搭配与组合，成熟的产品必然是各种材料的组合。

正因如此，鞋类设计开发需要丰富而集中的材料市场，需要得力的材料供应商配合，没有任何一家企业可以单打独斗、独立生存。所以，制鞋行业必然会出现产业聚集的局面。

3.1.1 皮革材料

人类使用皮革的历史非常悠久。猪皮、牛皮、羊皮也是最为常见和常用的皮革种类。纵观皮革的发展历史，皮革鞣制加工技术也发生着革新。

1. 皮革按鞣制方式划分

在古代相当长的一段时间里，"植鞣皮革"应用较为广泛。该鞣制过程利用植物中含有的丹宁等天然成分对生皮革进行熟制。经过植鞣工艺加工之后的皮革，可以长时间保存，但在遇水或日晒时状态不稳定，易变色、变形。

在近代出现了以化学手段为特征的多种皮革鞣制方法，使制革产业进入了全新时代，出现了现今应用十分广泛、种类又特别丰富的"铬鞣皮革"。铬鞣皮革状态十分稳定，在遇水或日晒时，皮革物理状态不易发生显著变化。

2. 皮革按皮料效果划分

市场上常见的皮革有粒面皮、摔纹皮（图3-1）、荔枝纹皮（图3-2）、油皮（图3-3）、疯马皮（图3-4）、漆皮（图3-5）、珠光皮（图3-6）、绒皮（图3-7）、磨砂皮（图3-8）、擦色皮（图3-9）、压花皮（图3-10）、金属皮（图3-11）、开边珠皮（图3-12）、花皮（图3-13）、动物纹皮（图3-14）、毛皮（图3-15）等。

3. 皮革按皮料来源划分

（1）牛皮。黄牛皮：皮革厚重，张幅较大，毛孔细密美观，质地坚硬且有韧性，延展性强，用途广泛，多用于制作鞋、包、皮带等服饰配件。水牛皮：皮革厚重，张幅较大，毛孔比黄牛皮粗且稀疏，质地坚硬，延展性比黄牛皮稍弱，多用于制作包袋拎手、皮带等。

（2）羊皮。山羊皮：张幅较小，皮革厚度小，柔软，延展性强，韧性较好，毛孔细密美观，多用于制作女式鞋、包等服装配件。绵羊皮：张幅较小，皮革松软，延展性很强，韧性稍差，毛孔细密且呈波浪线状排列，多用于制作皮革服装、手套等。

（3）猪皮。张幅较大，皮革较厚，质地坚韧，毛孔粗松且呈"品"字形排列，表面效果不甚美观，多用于制作中低档次真皮产品，或用作衬里。

（4）其他动物皮。常见的动物皮有蜥蜴皮、鳄鱼皮、鸵鸟皮、蟒蛇皮、马皮、鱼皮等。动物的形体差异造成动物皮革的形状、质地等差异较大。

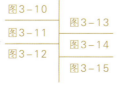

图3-10
图3-11
图3-12
图3-13
图3-14
图3-15

3.1.2 人造材料

（1）PU，即人造革，以化纤或纺织材料为基底，并在表面进行仿皮涂饰。其张幅规整，质地均匀，延展呈明显的方向性，人造毛孔规律排列，表面多模仿真皮质感，价格比真皮便宜。

（2）超纤，即超细纤维，用人造纤维结构模拟

真皮纤维结构而制成。其张幅规整，质地均匀，延展性好，人造毛孔规律排列，表面多模仿真皮质感，价格多低于真皮而高于PU。

（3）纺织材料。其种类多样，常用于鞋类的有真丝、沙丁布、帆布、绒布等。很多纺织材料需要在其背面进行衬布粘合后使用，以增加材料厚度，增强材料韧性，平均材料延展性。

3.2

经典的辅料

3.2.1 面部辅料

（1）加强带：通常为扁、薄、窄条带状，无延展性，常放置于鞋的受力边缘内，用于防止皮革边缘因行走、穿脱受力而导致撕裂或变形。

（2）魔术贴：鞋类常见的功能性辅料，常用于束紧和临时固定，使用较为简便。

（3）拉链：常用于实现鞋类穿脱的功能，又兼具装饰性。尤其常见于靴类及深口鞋。比鞋带方便快捷。

（4）钩扣：常用于凉鞋马鞍带，既可像传统针扣一样调整带子长短，又可方便快捷地完成穿脱。

（5）饰扣：种类多样，既有单纯装饰性饰扣，又有兼具功能性的饰扣。饰扣是鞋类设计中重要的装饰元素。

（6）松紧带：又称橡筋。常见的功能性辅料，常用于鞋口、条带等处。主要用于实现鞋类穿脱功能。

（7）鞋带：重要的鞋类部件辅料，传统鞋带用于固定和穿脱，现今鞋带已越来越多地成为一种装饰

设计语言。

（8）海绵：常见的功能性鞋类辅料，常用于鞋口、鞋垫、鞋舌等部位，主要用于增强鞋类关键部位的舒适性。也会少量用于绗缝等装饰性工艺。

（9）合缝条：常用的面部辅料，用于帮面合缝部位，合缝缝合后粘贴，用于保护合缝部位免于撕裂或脱线。

3.2.2 底部辅料

（1）填充软木：用于填充内底无帮脚覆盖处的空隙，使内底在穿着时保持平整、舒适。通常为软木屑、软木片或其他软质替代材料。

（2）鞋垫乳胶：或称鞋垫回力片、软垫等。放置于鞋垫与内底之间，用于增强穿着舒适性，填充不平处。

（3）烫金纸：与金属字模等共同使用，用于烫印产品商标、图案等元素。常见的有金、银、黑等颜色。

4 经典的工具与设备

鞋类设计及制造行业是一个传统产业，现代鞋类的主要加工工艺一脉相承，上百年来各个产品品类逐渐形成了各自规范化的工艺流程和加工方法。与这些流程和方法同步，很多工具和设备应运而生。这在很大程度上保证了制作的精细化和标准化，同时提高了生产效率。

4.1

经典的工具及作用

鞋类设计师的工作环节主要包括产品设计、设计制版、样品制作三个部分。其中产品设计环节所涉及的专业工具较少，而设计制版、样品制作环节涉及较多专业工具。下文将以工艺环节为主要分类方法，重点论述各类常用工具及其主要作用。

4.1.1 制版工具

1. 美工刀

在制版工作中主要用美工刀（图4-1）切割美纹纸和白卡纸，完成线条及块面分割、剔刻标记线槽等。

我国主要使用替刃美工刀，欧美则主要使用弯头的美工刀。

2. 分规

在制版过程中常用分规（图4-2）测量和制作等分线、对称线，以及复制固定长度等。使用分规可提高制版的效率和标准化程度。

3. 圆冲

在制版过程中常使用1号和4号两种不同直径的圆冲（图4-3）。1号圆冲常用于标示制作样版的标记点，4号圆冲常用于制作如鞋带孔等功能性孔洞。

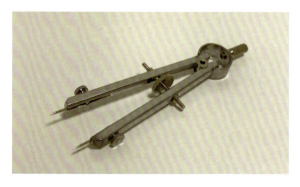

图4-1
图4-2
图4-3

4.尺

（1）钢尺（图4-4）：在制版过程中常用的钢尺的长度为20cm和30cm两种，钢尺用于尺寸测量及直线绘制。钢尺材质为金属，不易变形。常与笔、刀配合使用，不会因受刀割而破损。

图4-4

（2）卷尺（图4-5）：在制版过程中常用的卷尺为小号塑料材质卷尺，长度通常为1.5m。主要用于测量曲面的长度、圆周的围度等。

图4-5

（3）曲线板：也称云形尺。制鞋行业常用的曲线板为软质塑料材质。常用于辅助绘制楦面曲线，也可用于绘制或修正平面样版线条。

5.切割板

切割板（图4-6）通常为塑胶材质，在制版过程中放置于桌面或打版台上，使桌面免受制版切割、钉冲等操作所导致的损伤。

图4-6

6.锥子

在制版过程中，锥子（图4-7）的用途较为多样，常用于刺穿或制版划线。

图4-7

7.鸟嘴钳

鸟嘴钳（图4-8），也称帮脚钳、绷帮钳、搛帮钳，可用于样品绷帮试做，也常用于锤平、锤钉。

图4-8

8.细砂纸

在制版过程中细砂纸常用于修顺样版线条。通常为300目左右。

9.订书器

订书器在制版过程中常用于连接、固定两片样版。

10.剪刀

在制版过程中，剪刀的用途较为多样，如裁剪纸版、皮料、美纹纸等。

11.笔

（1）绘图笔：用于款式设计和样版线条的绘制。

（2）水银笔（图4-9）：主要用于皮面临时标记，痕迹可擦拭。常用于划料工序。

图4-9

4.1.2 制作工具

1. 剪刀

（1）大剪刀（图4-10）：用途较为多样，为制作环节必备工具之一。

图4-10

（2）纱剪（图4-11）：主要用于面部剪断缝纫纱线、线头等。

图4-11

（3）花边剪：常见的有尖、圆两种，用于将材料剪出花边。

（4）弯剪：用于裁剪特定弧面部位的纱线和材料，可避免裁剪时误伤其他部位。

2. 铁锤

在鞋的制作过程中，铁锤（图4-12）主要用于锤平材料，或锤紧贴合部位。

图4-12

3. 钳

（1）鸟嘴钳：主要用于底部绷帮工序。

（2）起钉钳（图4-13）：用于移除钉子。

图4-13

4. 针

（1）机器针：缝纫机所匹配的针。

（2）手缝针：用于手缝工艺，多为圆头，以避免划伤皮面。

（3）皮条针：缝制皮条所用的金属针。一般为两片结构，尾部分叉且有倒刺，可夹住皮条。

（4）弯针：多用于固特异工艺制作，用于缝制沿条与内底。

5．锥子

（1）直锥：用法较多样，常用于穿刺、划线等。

（2）弯锥：多用于固特异工艺，用于穿刺弧形孔洞。

（3）钩锥（弯）：多用于固特异工艺，用于穿刺弧形孔洞并钩线回孔完成手工缝线工艺。

6．生胶片

在鞋的制作过程中，生胶片常用于擦掉已经干燥的胶黏剂。

7．划刀

在鞋的制作过程中，划刀（图4-14）主要用于手工削薄或割断皮革等材料。

图4-14

8．钉枪

在制作环节，钉枪（图4-15）主要用于打钉固定。

图4-15

9．钉

（1）圆钉：主要用于手工绷帮、固定帮脚。

（2）枪钉：与钉枪配合使用。

（3）螺纹钉：主要用于钉鞋跟。

10．冲子

在制作环节，冲子常用于冲制鞋眼、花孔等。

11．鞋拔

在制作环节，鞋拔主要用于将鞋楦脱出后再次将其装入鞋中。

12．尺

（1）钢尺：常用于划料工序，用于测量长度或裁切直线。

（2）卷尺：常用于底部攀帮工序，用于测量帮高或统口深度等。

13．打火机

打火机（图4-16）用于处理线头。

图4-16

14．铆钉、鸡眼安装工具

铆钉、鸡眼安装工具（图4-17）与铆钉、鸡眼等型号相匹配，在鞋的制作过程中是必要的安装工具。

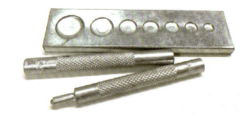

图4-17

4.1.3 胶与溶液

（1）氯酊胶：或称黄胶。常用于面部及底部工序中的皮面永久性粘贴，与皮革纤维结合度好，粘贴之后难以脱开。

（2）汽油胶：或称粉胶。常用于面部工序中皮革的临时性粘贴，粘贴完成后可清理干净，不留痕迹。

（3）白乳胶：或称白胶。常用于底部工序中帮脚的粘贴固定。

（4）双面胶：常用于面部工序中的帮面结构搭建。

（5）大底胶：常用于底部工序中的内外底的永久性贴合。

（6）甲苯溶液：常用于软化胶黏剂、化学片。易燃易爆且有毒性。

（7）白电油：常用于清洁胶黏剂、银笔线。易挥发、易燃易爆。

（8）处理剂：或称活化剂。与大底胶配合使用才能完成外底的永久性贴合。不同材质的外底使用不同类型的处理剂。

（9）天那水：效果较强的溶解剂，可溶解多种胶黏剂。

（10）硬（软）化剂：用于改变皮革硬（软）度。

4.2

经典的设备及作用

4.2.1 面部设备

1. 缝纫机

高头车（图4-18）：制鞋行业中最常用的缝纫机，可以完成大部分鞋类的帮面缝制工作。在此基础上又发展出罗拉车等类型。

平车：常用于缝制平面结构的皮革和纺织材料。

人字车：常用于帮面、衬里的"人"字形拼缝缝合。

图4-18

2.片边机

片边机（图 4-19）常用于削薄皮革边缘，以便于进一步完成折边、贴合等工序。

3.片皮机

片皮机（图 4-20），又称通片机、大铲机等。主要用于将符合该设备要求尺寸的整块皮革材料片薄至指定厚度。

4.鞋（靴）面定型机

鞋（靴）面定型机（图 4-21）主要用于将平面状态的皮革定型压制成贴合鞋楦弧度的立体造型。

5.切割机

通过专业软件和切割机（图 4-22）的配合使用，完成样版、皮料等的划线和切割。

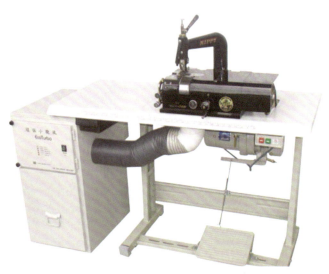

图 4-19	图 4-20
图 4-21	图 4-22

4.2.2 底部设备

1. 砂轮机和抛光机

砂轮机和抛光机见图4-23。砂轮机主要用于完成底部工序中的帮脚、内外底、鞋跟等的粘合面打磨工序，也可用于其他材料和部位的快速打磨。抛光机与抛光蜡等辅料相配合，主要用于制作帮面等部位的抛光效果。

2. 钉跟机

钉跟机（图4-24），又称打跟机。主要用于完成各种鞋跟的装订工序。

3. 烘箱

烘箱（图4-25），又称烤箱。常用于鞋整体的高温定型，或局部胶黏剂的高温活化。

4. 烘线机

烘线机（图4-26），又称热风筒。常用于局部胶黏剂加热烘干、活化或线头烘断。

图4-23

图4-25　图4-26

图4-24

5．烫标机

烫标机（图4-27）常用于商标、货号、尺码、型号等的烫印工序。

6．裁断机

裁断机（图4-28），又称下料机，一般与刀模配合使用。主要用于快速、标准化切割底、面部材料。

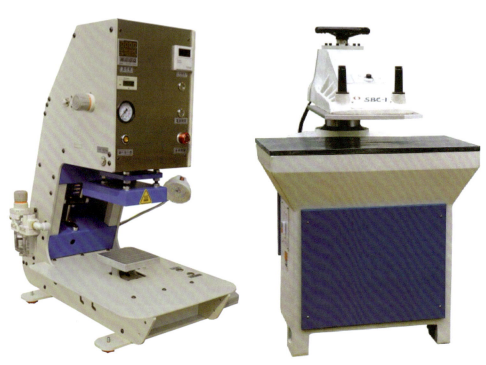

图4-27   图4-28

5 经典的
楦、跟、底

chapTen

任何一个鞋的成品都是由鞋楦、鞋跟、鞋底、帮面所制成。其中鞋跟、鞋底、帮面不用过多解释大家就能理解，而鞋楦是普通消费者所看不到的也是成品鞋销售时所不包含在内的，但它也是极其重要的。

鞋楦、鞋跟、鞋底、帮面这四大要素在鞋类长时间的发展过程中都形成了各自的经典。本章主要对鞋楦、鞋跟、鞋底这三大要素分别进行论述。

经典的鞋楦

鞋楦是鞋的"母体"和鞋的"内部形态"，它不仅关系鞋的形体美观，也关系鞋的穿着舒适度。想要成为一名优秀的鞋类设计师，必须具备扎实的鞋楦设计能力和使用把控能力。鞋楦是鞋类设计师进行鞋品设计的出发点。没有鞋楦，设计师很难展开三维空间想象；没有鞋楦，无法完成设计打版；没有鞋楦，无法匹配鞋跟、鞋底。不同类型的鞋子需要使用不同类型的鞋楦。鞋的不同款式结构、不同的工艺做法、不同的穿着功能、不同的材料、不同的使用人群、不同的审美要求等，都可以决定鞋楦的类型。本章主要以现代时装鞋为主要范畴进行论述。

鞋楦的设计和使用与产品的设计开发环节密切相关，在鞋类生产开发工作中，产品季的概念是十分重要的。国外的品牌公司一般将春夏、秋冬作为主要的两个产品季。国内公司则一般细分为春、夏、秋、冬四个产品季。四个产品季分别开发有代表性的四类产品，即单鞋、凉鞋、深口鞋、靴子，它们会分别使用不同类别的鞋楦。

5.1.1 按鞋楦材料分类

1. 木楦

在塑料等人造材料出现之前的相当长一段时期内，木头都是鞋楦的主要材料。木材质优点明显，如易获取、可再生、绿色环保、容易打磨和修补、质量轻。但它自身也存在一些缺点，如易受潮变形、易干燥开裂等。

时至今日，木楦仍在一定范围内使用。密度较大、制作精良的木制鞋楦往往代表高品质的产品类别。

2. 塑料楦

塑料楦是现代大工业生产中最为常见的鞋楦类型。塑料楦具有精度高、材料可循环使用、耐潮热、不变形、容易打磨和修补等优点。但其也有质量大、热熔易产生有毒气体等缺点。

塑料楦也有在楦头、楦尾或底板处加装金属板的类型，用于前后帮机械设备绷帮操作。

3. 金属楦

金属楦（图5-1）以铝质金属最为常见，主要为硫化、注塑、模压等工艺使用，以上工艺无须打钉。

图5-1

5.1.2 按鞋楦结构类别分类

1. 整体楦

整体楦（图 5-2）为一体结构，多用于制作凉鞋、浅口鞋等。鞋楦可在产品制作完成后整体脱出。

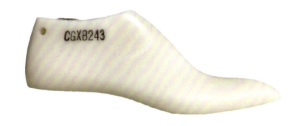

图 5-2

2. 两截楦

该类型鞋楦自楦背顶端至楦腰窝后端锯开，分为前后两截（图 5-3）。脱楦时可先将后身脱出再将前身脱出。多用于制作深口鞋或靴。

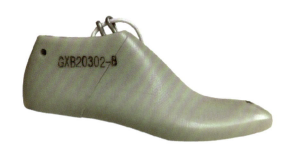

图 5-3

3. 滑动楦

滑动楦常用于注塑工艺套楦鞋的生产，楦体自筒口部分成两截。

4. 开盖楦

该类型鞋楦在楦背部进行分割，分为楦盖与楦体上下两个部分（图 5-4），在脱楦时可先将楦盖取出以便后续楦体脱出。多用于制作深口鞋或靴。

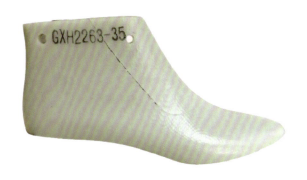

图 5-4

5. 弹簧楦

弹簧楦（图 5-5）也是将鞋楦分为前后两个部分，前、后身通过弹簧铰链连接，顶部开三角口。脱楦时可将弹簧楦进行弯折以脱出。弹簧楦无须分体，可始终保持整体状态。

图 5-5

5.1.3 按鞋楦用途及产品类别分类

1. 单鞋鞋楦

单鞋在行业中又俗称浅口鞋、瓢鞋等。这类鞋主要在春天或气候温暖地区穿着。单鞋外观的主要特征为鞋口较浅，裸露脚背。

单鞋鞋楦的主要特征：楦体修身，楦头造型风格多变、丰富。楦头部较窄，鞋楦前放余量较大。

单鞋鞋楦和单鞋见图 5-6。

图5-6

2.凉鞋鞋楦

凉鞋的种类十分丰富，这类鞋主要在夏季或气候炎热地区穿着。凉鞋外观的主要特征：足部裸露面积较多，多条带结构。

凉鞋鞋楦的主要特征：楦体修身，楦头造型变化较少，多以符合脚外轮廓的圆头形状为主。楦头部较宽、较扁、较短，鞋楦前放余量较小。

凉鞋鞋楦和凉鞋见图5-7。

图5-7

3.深口鞋鞋楦

深口鞋又称踝鞋，这类鞋主要在秋季或气候凉爽地区穿着。深口鞋外观的主要特征：鞋口较深，足部裸露面积小，以裸露脚踝及脚踝以上部位为主。

深口鞋鞋楦的主要特征：楦体较为饱满，楦头造型变化较多，楦头部略窄，鞋楦前放余量较凉鞋鞋楦而言更多。

深口鞋鞋楦和深口鞋见图5-8。

图5-8

4. 靴楦

靴子除了按照靴筒高度可分为高靴、半靴、矮靴、踝靴之外，还可按照穿着方式分为全拉链靴、半拉链靴、一脚蹬靴等。这类鞋主要在冬季或气候寒冷地区穿着。靴子外观的主要特征：靴筒超过脚踝，足部基本不裸露在外。

靴楦的主要特征：楦体较为饱满，楦头造型变化较多，靴楦在顶部及后跟部增加了连接和制作靴筒部位的较多余量。

靴楦和靴子见图5-9。

图5-9

5.1.4　经典的鞋楦头型

鞋楦头型在英文中被称为"toe types"，在确定了鞋楦类型之后，鞋楦的可变量就变得很少，只剩下码数、型号、跟高和鞋楦头型。其中码数和型号与穿着舒适度密切相关，而跟高和鞋楦头型则和款式设计联系最为紧密。下文将详细列举现代时装鞋类的经典鞋楦头型。

1. 尖头

尖头（pointed toe）楦型在当今女式正装时尚鞋类中较为常见。历史上，尖头男鞋也曾出现并流行过很长一段时间。尖头楦型鞋给人以时尚、精致、干练、敏捷、聪慧的气质感受。

高跟鞋常常与尖头相搭配（图5-10）。鞋跟越高的鞋，越需要鞋楦前掌及脚尖处收窄变尖，以产生对脚部前端的"紧握"，防止高跟鞋前掌空间过大，穿着者的足部受重力驱使而过分前冲。在市场上，中低跟的尖头鞋也较为常见，但中高跟的圆头鞋则较为少见。

图5-10

2. 圆头类

（1）圆头。

圆头（round toe）在男女鞋中都较为常见，是所有鞋楦头型中应用最广泛的类型，尤其是休闲运动类的鞋品基本以圆头为主。圆头楦型传递给人以年轻、活泼、俏皮、大方、可爱等感觉。

圆头楦型舒适、安全，基本只能用于中低跟鞋类（图5-11）。虽然它的时尚感并没有很强，但它应用广泛，是最为常见的日常鞋类楦头型。

（2）尖圆头。

尖圆头也是一种较为常见的女鞋楦型，在男鞋正装皮鞋中也较为常见。由于它形似杏仁，在英文中就直接称呼它为"almond toe"，中文又可直译为"杏仁头"。这种楦型在带来时尚感的同时又透露出些许温和，同时也传递出一种知性、优雅、从容的气质。

尖圆头常常与中高跟相搭配（图5-12），这种头型被消费者广泛接受，并适合较为多样化的场合。

（3）大圆头。

在实际产品市场中，大圆头常见于休闲类及童鞋类产品（图5-13）。该楦型主要与中低跟相搭配。由于鞋头大而圆，形似气球，所以在英文中称其为"balloon toe"，直译为"气球头"。大圆头鞋风格可爱，适合年龄较小的人或非正式的场合。

（4）小圆头。

小圆头，又叫蛋形头，是市场上最为常见的一类鞋楦头型，风格平和、中庸，得到消费者的认可。由于它形似鸡蛋，在英文中称之为"egg toe"，直译为"蛋形头"。小圆头鞋（图5-14）符合大多数人的审美和日常穿着需要，在多种场合穿着都不会出错。

图5-11　　　　　图5-12　　　　　图5-13　　　　　图5-14

3. 方头

方头（square toe）与圆头、尖头相比，是一种较为少见的鞋楦头型，它在主流男女鞋市场出现的频率不高。在印度、非洲等某些异域特征显著的国家，方头男鞋较为常见。方头楦型产品（图 5-15）根据不同的使用情况，可给人以独特、粗犷、正统或富有个性等多元化的感觉。

方头楦型在男女鞋中都有使用，以在时装鞋、正装鞋中使用为主。与其他鞋楦头型相比，方头楦型的受众相对较少。圆方头楦型的女鞋见图 5-16，窄方头楦型的女鞋见图 5-17。

4. 斜头

斜头（oblique toe）楦型的产品在市场上比较少见，具有特立独行的风格，斜头楦型在时尚类、休闲类产品中都有使用（图 5-18），一般为时尚达人或追求差异化风格的小众人群所喜爱。

图 5-15　　　　图 5-16　　　　图 5-17　　　　图 5-18

5.2

经典的鞋跟

我们很难将跟高与经典挂钩并加以论述。在合理范围内，各种跟高的鞋子都会不断出现。但总体而言，随着鞋跟高度的增加，受众数量及穿着频率会呈现递减趋势。大多数人的日常穿着更倾向于中低跟及平跟类型的鞋子。

鞋子自产生之日起就是以平底鞋为主，平底鞋便于行动和劳作。后来，王公贵族为了与平民相区别，开始穿着鞋底增厚的鞋子。这种厚底鞋在东西方都有出现，它也是高跟鞋的起源。后来产生的高跟鞋则完全是一种欧洲鞋类，在17世纪就已经产生并逐步影响全世界。自从鞋跟诞生以来，它逐渐发展成为形态多样的一类要素，并由历史沉淀下来，逐渐形成经典。

5.2.1　经典的鞋跟形状

1. 平跟

平跟（wedge heel）鞋（图5-19）的历史非常悠久，时至今日它仍然是主流的品类。男鞋、童鞋、休闲鞋以及很大一部分女鞋等都是以平跟为主。平跟鞋也是穿着最为舒适和健康的鞋型。但很多人认为平跟鞋不如高跟鞋时尚，在很多时候平跟鞋会显得较为日常、随意。

图5-19

2. 坡跟

坡跟（wedge heel）鞋（图5-20）之所以受到欢迎，是因为它是穿着最为舒适的一类高跟鞋。坡跟鞋的鞋跟对鞋体的支撑面积较大，为足部提供了较为全面的支撑，降低了足部肌肉和骨骼的不平均负荷。由于坡跟形似楔子，也有人称其为"楔形跟"。

图5-20

3. 锥形跟

锥形跟（cone heel）为圆锥体，上粗下细，鞋跟形状以直线条为主要特征，形似冰激凌筒。锥形跟鞋见图5-21。

4. 小猫跟

小猫跟（kitten heel），这个名字发源于20世纪50年代的美国，指一种高度为3～5cm的细短跟，且它看起来像是小猫踮起脚尖走路的样子。这种鞋跟不但给人以小巧、优雅的感觉，还使穿着者拥有较高的舒适度。在20世纪30—60年代深受好莱坞女演员们的喜爱。小猫跟常常与女单鞋（图5-22）、女凉鞋搭配使用。

5. 马蹄跟

马蹄跟（spool heel），顾名思义，它形似马蹄，两头宽中渐窄（图5-23）。这是一种非常特别的鞋跟，极具时尚感。

6. 方跟

方跟（block heel/square heel）的特征为鞋跟侧面形状为方形（图5-24），与常见的圆形鞋跟相比，这种鞋跟线条感强，宁方不圆，极具现代设计审美特征。

图5-21

图5-22

图5-23

图5-24

7. 粗高跟

粗高跟（chunky heel）可以使高跟鞋穿着起来更为稳固，容易驾驭（图5-25）。但这种鞋跟也能使穿着者看起来霸气十足。我们常常可以在秋冬季鞋靴类产品中看到粗高跟的影子。

8. 细高跟

细高跟（匕首跟，stiletto heel）又细又高，形似匕首，普遍跟高在8cm以上，最细处直径小于1cm（图5-26）。这种鞋跟往往与防水台或尖头鞋相搭配。细高跟鞋是女人们的"性感利器"，穿着它可以塑造身体曲线，双腿看起来也格外修长。但它也并不是那么容易驾驭。

9. 路易跟

路易跟（louis heel）得名于法国国王路易十五，是一种两头粗中间细的女式中跟（图5-27）。多以卷跟形式出现。

图5-25
图5-27 图5-26

10. 逗号跟

逗号跟（comma heel）有两种形式，一种为内弧形式（图5-28），由Roger Vivier设计，并已经成为该品牌的绝对经典设计元素；另一种则为外弧形式（图5-29），在鞋类成品市场中也较为常见。逗号跟多以中低跟为主。

11. 后置跟

后置跟（set back heel）的足跟着力点靠后，鞋跟后端线条垂直于地面；前端线条为曲线，变化较多（图5-30）。这种鞋跟的呈现形式多样，有高跟、中跟、低跟。

图5-28   图5-29   图5-30

12. 荷兰跟

荷兰跟（dutch heel）以它的发源地命名。这种鞋跟以中等高度跟为主。鞋跟宽而薄（图5-31）。前后线条为弧线，上宽下窄，鞋跟线条下端垂直于地面。

13. 筒形跟

筒形跟（barrel heel），鞋跟为圆筒形状（图5-32），有的为正圆，有的为椭圆。鞋跟圆筒中轴线垂直于地面。

14. 针形跟

针形跟（pin heel），鞋跟细高，整体形似香槟高脚杯（图5-33）。鞋跟下端为细长圆柱，形似细针，故得名针形跟。这种跟由于下端很细易折断，故多采用金属材质制作。

图5-31   图5-32   图5-33

5.2.2 经典的鞋跟工艺

1. 堆跟

堆跟（stacked heel，图5-34），又称层皮跟。这种鞋跟的传统做法是用皮革或木头层叠而成，使用牛皮制作的堆跟最为常见。真正的堆跟一般用于档次较高的鞋类产品。男鞋和女鞋中都较为常见。使用范围主要以时装鞋类为主。由于真皮材料摩擦力小，男鞋堆跟还经常以各种方式嵌入一块橡胶，以起到防滑作用。

现代产品尤其是女高跟鞋类产品中，也常见用涂漆等方法模仿层皮堆叠效果的塑料跟。这种做法更为经济、快捷。

2. 包层皮跟/包面皮跟

包层皮跟（covered heel，图5-35）是指在鞋跟的表面包裹一层薄薄的皮革或其他面料。这种鞋跟常见于中高档女鞋。既然有皮革包裹，必然会产生包裹之后的收口，包层皮跟的前面一般会预留槽位用于放置层皮收口的边缘。

这种鞋跟为了便于包裹，一般造型相对简洁，跟形以直线条或小幅度弧线为主，防止在包裹过程中形成褶皱、空鼓等不服帖现象。

3. 电镀跟/水镀

电镀跟（plated heel，图5-36）的鞋跟表面效果处理是用现代化电镀或水镀工艺完成的，完成后鞋跟表面呈现金属光泽。这种鞋跟时尚感强且价格较为经济实惠。但在加工过程中会产生一定程度的重金属及废水，造成环境污染。

图5-34

图5-35 | 图5-36

4. 烤漆跟

烤漆跟（lacquer heel，图 5-37），用烤漆工艺对塑料鞋跟进行表面处理，使鞋跟呈现漆面光亮、反光的效果。这种工艺造价较为低廉，使用较为广泛。烤漆工艺由于其材料主要为化学漆，有较大气味，在制作过程中容易造成一定程度的空气污染。

5. 组合跟

有两块或两块以上独立结构，并可组装为一体的鞋跟称为组合跟。这种鞋跟常使用两种或两种以上不同的装饰方法（如图 5-38 所示为烤漆和电镀相结合），以凸显设计的丰富性。这种鞋跟多用于时尚类女鞋产品。

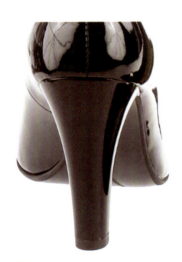 

图 5-37   图 5-38

5.3

经典的鞋底（外底）

外底是鞋最下面的部分，与地面直接接触。外底可由多种材料制作而成，如皮革、橡胶等。材质和设计对鞋底性能具有重要影响。

鞋底是鞋最早出现的部件。原始的鞋子就是把一张皮革作为鞋底由下而上包裹住脚，这种由下而上的做法如今还可以在套楦鞋中看到。在中世纪及中世纪之前，这是最主流的鞋底制作方式。现代主流的鞋子制作工艺是从 17 世纪开始出现的，这段时间鞋底是以手工缝线的方式与鞋体连接的。工业革命之后，逐渐产生了更高效、更多样化的制作方式。鞋底的种类也就更加丰富了。

5.3.1 经典的鞋底类型

可以说鞋底是鞋最为重要的部件，它直接关系鞋的舒适度，而舒适度是鞋最为基本的功能需求。现在大多数设计师主要着眼于鞋的帮面的设计，未直接参与鞋底的设计工作，这无疑是十分不合理的。

总体来讲，鞋底主要由内底、外底、堂底（垫脚、鞋垫）组成。外底又可以分为片底类、成型底类和防水台类。

1. 片底类

使用片底一般为中高档时装鞋的重要特征。顾名思义，这种鞋底为片状，与内底进行贴缝。这种鞋底的材料多以真皮和橡胶为主，制作工艺相对复杂，但视觉效果较好，显得产品比较高档、时尚。

（1）通底。

通底（图5-39），指贯通全掌的鞋底，从鞋头端点到后跟端点全部覆盖。这种鞋底在男鞋及女靴类等秋冬季女鞋产品中较为常见。鞋底风格较为厚重、粗犷。

（2）插底。

这种鞋底在尾端约1cm长度处变薄、变窄，插在鞋跟和内底帮脚之间。插底跟（图5-40）往往会留出放置插底的位槽，使得贴合后跟底平顺。这种鞋底在女鞋片底鞋中不分季节，使用十分广泛。

（3）卷底。

卷底又分为全卷底和半卷底。全卷底尾端与跟口（鞋跟前脸）相贴合，卷底贴满整个跟口（鞋跟前脸）。半卷底则是贴合部分跟口（鞋跟前脸）。与卷底相搭配的卷底跟需要具有平整的前脸和与内底平顺连接的前脸曲线。卷底（图5-41）一般应用于中高档女高跟鞋品类中，尤其是真皮外底女式高跟鞋，大部分使用卷底。

图5-39

图5-40

图5-41

2. 成型底类

通过模具、注塑、铸造、一体雕刻等方式制作而成，跟底一体的鞋底，称为成型底。这种鞋底直接或经过简单加工即可用于贴合工序。贴合工序操作简便、快捷。常见的成型底多使用模具加工，所以适合产量大、价格中低的鞋类使用。成型底类鞋普遍穿着舒适，制作简便，主要为中低档次，适合日常非正式场合穿着。

（1）普通成型底。

普通成型底材料、结构单一，为一次加工成型（图 5-42）。

（2）组合成型底。

组合成型底由两种或两种以上结构或材料搭配，各个部件分别加工成型并进行组合使用，以凸显其设计感（图 5-43）。

图5-42   图5-43

（3）套楦鞋底。

套楦鞋底（图 5-44）是一类非常特殊的鞋底。它的特殊性在于套楦鞋工艺的与众不同。大部分现代鞋皮革都是自上而下进行绷帮的，而套楦鞋则是采用自下而上的做法。它的鞋底是包裹在皮革以内的，鞋底还延伸至鞋后跟部位。

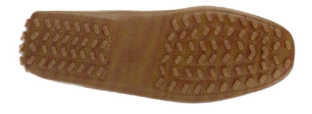

图5-44

3. 防水台类

防水台为女鞋常见鞋底部件，主要用于鞋的前掌部位，位于内底和外底之间。它可以将脚抬高，防止水进入鞋内沾湿脚掌。其名字即由此来。它还可以抬高前掌，减少前后跟高度差，使高跟鞋穿着更加舒适。它还能使腿部看起来更修长。所以具有防水台的鞋型是很多追求时尚的女性的选择。

（1）普通防水台。

防水台一次加工成型，结构单一的为普通防水台。普通防水台有内外之分，鞋面帮脚位于水台与内底之间的是外防水台（图5-45），即帮面未将水台包裹在内；鞋面帮脚位于水台与外底之间的为内防水台（图5-46），即帮面将水台包裹在内。

（2）组合防水台。

具有两种或两种以上独立结构或不同材料的防水台，称为组合防水台（图5-47）。组合防水台一般都为外防水台，帮面等其他设计元素不能干扰防水台的组合结构展现。

图5-45

图5-46　　　　　　　　　　图5-47

5.3.2　经典的鞋底材质

1. 天然材质

（1）真皮。据推测，最早出现的鞋子就是以皮革作为底材的，皮革是鞋业界最为重要的鞋底材料之一。时至今日，其仍然是制作男女高档正装鞋鞋底的不二选择。用于制作外底的皮革具有坚固耐用、可塑性强、吸汗、排湿的特征。真皮外底（图5-48）甚至已经成为高档正装鞋的一个最显著特征。但真皮外底耐磨性、防滑性差也是它最突出的缺点。所以很多时候，皮革需要与橡胶等材料配合使用制作鞋底。

图5-48

（2）木。木质鞋底（图5-49）在很多国家和地区的历史上都出现过，例如日本木屐。在现代产业中，木质鞋底由于没有很好的弹性，已经不太常见。木质鞋底成了一种极具历史和民族区域特色的鞋底种类。

木头材质中有一种软木在制鞋领域使用范围较为广泛，它质量轻、易加工、可塑性强，是一种较为常见的鞋底用材（图5-50）。

图5-49

图5-50

（3）橡胶。橡胶树原产于美洲，据说最早使用橡胶制作鞋子的是玛雅人。直到美洲新大陆被发现之后橡胶才被更为广阔的世界所认知。1852年，橡胶硫化工艺由美国科学家固特异（Goodyear）偶然发现，才使得这种材料成为一种真正的工业原材料。随后不久，也是由他制作出了世界上第一双橡胶底鞋（图5-51）。时至今日，橡胶已经成为最为重要的鞋底材料之一。橡胶底具备极好的弹性、耐折弯性、耐磨性和耐酸碱性，便于鞋的生产加工及再利用。

图5-51

2. 人造材质

（1）PVC。它是polyvinyl chloride的缩写，即聚氯乙烯。了解PVC的人都知道它是一种塑料，在日常生活中随处可见由PVC制作而成的各种水管。实际上，PVC的用途极其广泛，PVC具备较高的强度，所以它可以成为很多天然鞋底材质的替代品。它的造价也相对低廉，在生产中可以明显地降低成本。

（2）EVA。它是ethylene-vinyl acetate的缩写，即乙烯–醋酸乙烯酯共聚物，是一种发泡材料。EVA在制鞋领域应用非常广泛，用途十分多样，鞋垫、内底、外底等多个部件都可以使用它（图5-52）。这种材料可以起到很好的缓冲作用，而且它非常柔软、坚韧、轻质，也非常容易上色，虽然不甚耐磨，但便于加工。

图5-52

（3）PU。如果想要寻找一种质优、耐用、舒适又便宜的鞋底，PU就是一个很好的选择。PU，是polyurethane的缩写，意为聚氨酯材料，它同时具备防水、减震的特性。如果需要长时间站立，舒适的PU鞋底将是一个很好的选择。

（4）ABS。它是 acrylonitrile butadiene styrene 的缩写，即丙烯腈－丁二烯－苯乙烯共聚物。这是一种新型鞋底材料，具备非常明显的一系列优点，如结实耐用，没有任何的毒性，在耐磨损、抗压缩方面的性能优异，因而得到广泛关注。但它也有自身的缺点，如气候的变化会对它造成一定影响，这种鞋底往往不太适合长期户外活动；炎热的室内工作环境也可能会导致鞋底变形。

（5）TPR。它是 thermoplastic rubber 的缩写，即热塑性橡胶。这种材料是通过将橡胶粒进行混合和铸造而得到的。它具备天然橡胶的弹力好、耐磨、防滑等特性，又比橡胶更容易生产，很容易与胶黏剂贴合，是鞋底材料中一种常见的人造材料。

（6）多种材料组合底。在一些鞋类中会使用两种或两种以上材料组合而成的鞋底。特别是在一些有特殊设计的运动鞋中，多种材料的组合底多有使用。这种鞋底不仅可以提高外观的观赏性，而且可以结合具体使用需求，发挥各自材料的特性。

图 5-53 所示的鞋底为 PVC、EVA、橡胶三种材料组合而成的鞋底。

图 5-53

6 经典的
工艺细节

边与缝是产品工艺细节中最为重要的两个常见元素，是鞋类产品进行版面设计和分割的重要手段和表现方式。在漫长的鞋类发展历史中逐渐形成了种类多样的边、缝类型。虽然边和缝这么重要，但在本行业相关的资料中却很少有人给予它们足够的关注。本书主要着眼于鞋的经典，借此机会对这两种看似普通却又十分重要的工艺设计经典元素进行总结。希望可以引起鞋类设计师对此类细节元素的足够重视。

6.1

经典的边

（1）折边：皮料预留 4mm 折边量，铲薄后按照样版形状进行折边，折边完成后贴合衬里并进行缝制固定，边距为 1mm 左右（图 6-1）。

（2）影边（镶边）：在折边的基础上，在面里之间镶嵌宽为 1mm 的装饰边。该装饰边留不少于 7mm 的搭位用于镶嵌车线，并铲薄对折（图 6-2）。

（3）滚边：在毛边切口上放置合适厚度的滚边条，上里并完成车缝（图 6-3）。

（4）捆边：皮料与合适厚度的捆边条正面对贴并对齐完成车缝，将捆边条反转至皮料背面并形成捆扎边的样式（图 6-4）。

（5）车反（反里）：帮面与衬里以合缝的形式进行缝合并贴合，帮面光洁，无车缝线（图 6-5）。

（6）毛边：又称切口、介口、一刀光。为刀切光边效果，不做任何处理，或为下一步上边油做准备（图 6-6）。

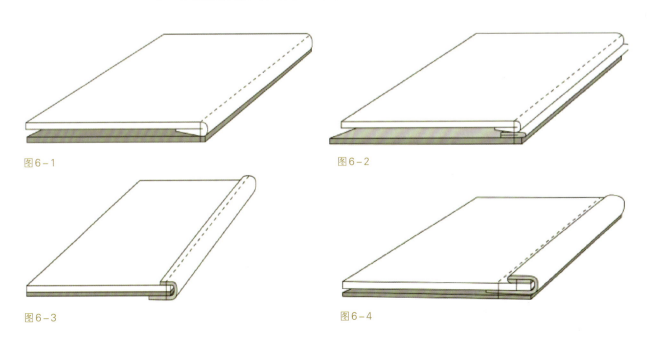

图 6-1

图 6-2

图 6-3

图 6-4

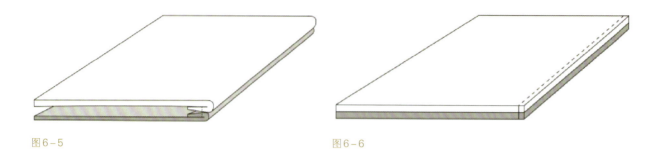

图6-5   图6-6

经典的缝

（1）合缝（图6-7）与反合缝（图6-8）：皮料正面或背面边缘对齐进行的沿边车缝，常见车线边距为1.5mm。

（2）拼缝：两块材料边缘断面处对齐，用人字车缝纫机缝的"人"字形拼合（图6-9）。

（3）搭位：又称搭地、压茬等。上层的材料边缘多为毛边处理，下层材料在切口处加7～8mm的搭位量，并将搭位量处铲薄。与上层皮料贴合后沿上层皮料毛边进行车缝，边距为1mm左右（图6-10）。

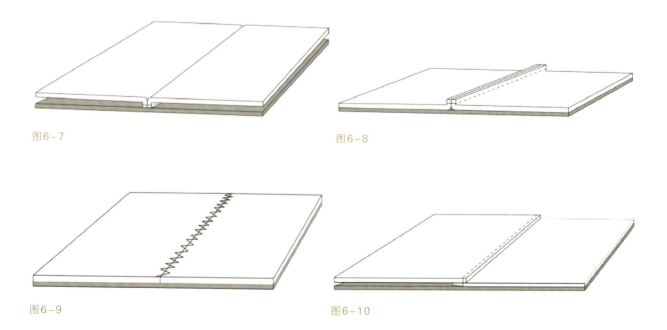

图6-7   图6-8

图6-9   图6-10

7 经典的款式

本章主要介绍最受设计师关注的鞋经典款式，主要包括每个款式的结构特征、风格类别、常用材料、适用人群、穿着场合等，还以数字"0～5"的形式标注每种款式的正式度。"5"为最庄重场合穿着款式，从"5"至"0"正式度递减。

每种款式的介绍都附有款式图，部分款式附有应用图及延伸款式，以供设计师学习、比对及设计参考。

7.1

经典的鞋头形式

7.1.1 光头

光头（plain toe）为一整块皮革制作的鞋头（图7-1），没有任何附加装饰元素或结构。这种鞋头风格成熟稳重，中庸低调，在各种鞋类产品中都有较为广泛的使用。光头鞋头由于没有任何装饰元素，往往会使皮料风格和鞋楦头型更为引人注目。

7.1.2 露趾

露趾（open toe）鞋基本以在夏季和炎热地区穿着的凉鞋（图7-2）为主，除小脚趾不裸露或裸露一半以外，其余脚趾全部裸露在外。如果整个小脚趾裸露在外，你

图7-1　　　　　　　　图7-2

会发现走路时，它会伴随行进动作不停地滑出鞋外。

露趾鞋头一定是与圆头或方头凉鞋鞋楦一同出现的。尖头、小圆头凉鞋鞋楦一般不和露趾鞋头一起出现。

7.1.3 鱼嘴

鱼嘴（peep toe）鞋头可以与单鞋相结合（图7-3），也可以与中后空凉鞋相结合。鱼嘴鞋头开口较小，形似金鱼嘴，所以在中国被赋予这样一个生动的名字。鱼嘴鞋头与露趾鞋头的区别是露出脚趾的程度不同。露出两个或两个半脚趾的是"鱼嘴"，露出脚趾数量多于两个的就要称其为"露趾"了。另外，鱼嘴鞋头是一定要露出脚趾的，在尖头鞋的鞋尖处开一个小口，哪怕它开得再像金鱼嘴也不能称其为"鱼嘴"，因为它露不出脚趾，这个"鱼嘴"没有意义，只是一个洞而已。

所以，一般来讲，做鱼嘴类型的鞋头，只能使用圆头、方头等鞋头放余量较小的鞋楦。尖头类型的放余量过大，不适合制作鱼嘴鞋头。

7.1.4 合中缝

了解制鞋制版工艺的设计师都知道，合中缝（center seamed tip）这种中缝缝合的款式在打版中是最容易实现的，因为它避免了很多展、转、拼、合等制版技术处理。虽然有很多人不太欣赏这种款式，但它仍然是一种极其常见的款式。这种鞋头款式在男女鞋类产品中都较为常见（图7-4）。

图7-3　　　　图7-4

7.1.5 冲花孔

冲花孔（medallion tip）作为一种鞋头装饰手段（图7-5），在男女鞋类产品中都不少见。通过孔的组合排列及大小变化进行图案设计。带有传统冲花孔的鞋类较为成熟稳重，近期这种元素在时尚、休闲类鞋品中也成为流行元素，深受年轻消费群体的喜爱。

7.1.6 接头

接头（cap toe）鞋的脚趾部位的鞋头包有一层额外的皮革（图7-6），这是男女鞋中都十分常见的一种装饰。在中国，甚至专门有一种大众款式被中国人命名为"三接头"。这种装饰工艺和结构简单，容易制作。它的装饰风格平和稳重，很容易为大众所接受。

7.1.7 围盖

围盖（apron toe/moe toe）款式（图7-7）的历史十分悠久，所以它被称为经典绝不为过。它是由包围足部一圈位置的围条和位于足背处的围盖组合而成的。男女鞋中都会大量使用这种结构形式。它也得到了消费者的广泛认可。

7.1.8 自行车头

自行车头（bicycle toe）如图7-8所示，这种鞋头是将光头款式的足背内外侧部位进行了纵向分隔。在市场中常见于一些运动、休闲鞋类。这种结构款式一般很少在正式度较高的场合穿着，多使用橡胶等材料的成型底，很少搭配档次较高的真皮外底。

图7-5　　　　　图7-6　　　　　图7-7　　　　　图7-8

7.1.9 围条中分

围条中分（split toe）款式的鞋（图7-9）与围盖款式的鞋十分类似，唯一的差别是围条中分款式的鞋在楦头部位正中处将围条进行纵向等分。这种做法与围盖款式相比，可以在很大程度上方便排料，以达到在下料过程中减少皮料损耗的目的。

7.1.10 翼尖

翼尖（wing tip）款式的鞋在鞋头处有W形结构分隔，形状犹如翼翅，所以其在英文中被称为"wing tip"，中文直译为"翼尖"。这种结构在鞋类产品中较为常见，通常用于皮鞋款式（图7-10）。多在正式度较高的庄重场合穿着。现在也为新的休闲时尚类产品所使用。

图7-9　　　　　　　图7-10

7.2

经典的统口

统口，在行业中又称口门或鞋口，是鞋类设计中的关键设计点。在鞋楦上画好一个统口，是设计一款鞋子的第一步。不同风格的产品会使用不同的统口形式。对鞋类设计师而言，统口的设计是鞋类设计的基础和必修课。了解并掌握不同类型的统口特征，有助于设计师在实际工作中熟练、正确地运用。

7.2.1 圆口类

圆口是最为常见且简单易做的统口形状，也是做好其他类型统口的基础。按照产品风格，圆口可大可小，同时也可做相应的深浅变化。小口、深口显得端庄稳重；大口、浅口给人以活泼时尚之感。

圆口类有圆口（图7-11）、大圆口（图7-12）、小圆口（图7-13）、半圆口（图7-14）之分。

图7-11   图7-12   图7-13

图7-14

7.2.2 方口类

方口是指在足背统口处线条呈方形的统口类型（图7-15）。这类统口比圆口少见，通常在时尚类产品中使用。

7.2.3 V形口类

V形口是指足背统口处线条呈V形的统口类型，有深V口（图7-16）与浅V口（图7-17）之分。V形口比圆口少见。设计制作时，务必注意V形顶端转角处的受力情况，防止该点由于受力集中而撕裂。

7.2.4 内弧口类

内弧口是一种较为常见的统口类型（图7-18），在男鞋、女鞋、童鞋中都有较多使用。该种统口便于穿脱，结构款式符合大众审美。

7.2.5 交叉口类

交叉口是指两条或两条以上带子相互交叠而形成的统口（图7-19）。这种类型的统口在市场中也较为常见，多用于时尚类产品款式。

7.2.6 花口类

所谓花口，是各种特殊花式统口的总称，并非指单一统口形状。常见的花口有波浪线、多边形、心形、尖角等。此类统口多见于年轻、时尚、休闲类女鞋（图7-20）。

图7-15　　　　图7-16　　　　图7-17　　　　图7-18　　　　图7-19　　　　图7-20

7.3

经典的平底鞋款式

经典的平底鞋款式拓展

7.3.1　平跟芭蕾舞鞋

平跟芭蕾舞鞋（ballet flat）的款式见图7-21。

图7-21

（1）背景文化。

该款式雏形在16世纪就已经出现，男女都会穿着。到17、18世纪，高跟鞋出现后，该款式不再流行。直到20世纪，演员碧姬·芭杜、奥黛丽·赫本等在电影作品中穿着后，各种类型的平跟芭蕾舞鞋又再次复兴并广泛流行起来。

（2）结构特征。

该款式的主要特征是鞋前脚背统口处有绑带，可用于收紧鞋口，或单纯作为装饰使用。

（3）风格类别：时尚，流行。

（4）正式度：3。

（5）常用材料：帮面可使用多种材料设计制作，鞋底多为橡胶材质。

（6）适用人群：女性。

（7）穿着场合：户外，日常生活，非正式场合。

7.3.2　麻绳底鞋

麻绳底鞋（espadrille），又叫藤底鞋，其款式见图7-22。

图7-22

（1）背景文化。

以细茎针草麻为主要原料制作鞋底。这种植物是产自地中海地区的一种坚固的纤维，可以制成麻绳。

这种款式的英文名称源自法语，据记载，该款式的产品最早出现在14世纪的欧洲，在法国和西班牙较为常用。这种款式的雏形甚至可以上溯至4000年前。

现在的麻绳底鞋成了一种流行品类，特别是在法国的大西洋沿岸和西班牙的地中海沿岸区域。人们通常在春夏季穿着。麻绳底鞋现在多为女性穿着，但也有一些男性产品款式。主要产地集中在法国、西班牙和南亚地区。孟加拉国是高品质麻绳材料及相关鞋底、成品鞋的中心产地，很多欧洲国家如法国、西班牙、意大利的生产商都从孟加拉国大量进口原材料用于生产。其他国家如阿根廷、玻利维亚、智利、巴拉圭、哥伦比亚、委内瑞拉等也从孟加拉国进口材料进行该品种鞋类的制造、生产。现在很多产品的麻绳底会附加橡胶、木跟、EVA等材料来增加鞋底的耐用、耐磨性。

自20世纪40年代起，伴随着影视的发展和宣传，这种款式开始在美国流行起来。由于影视剧 *Miami Vice* 的成功播出，20世纪80年代该品类鞋子进入了空前流行的阶段，在纽约的奢侈品商店，一双麻绳底鞋的售价甚至高达500美元。

伊夫·圣罗兰是坡跟麻绳底鞋流行的主要推动者。他在20世纪70年代与西班牙工厂合作设计开发的鞋子迅速在时尚行业产生影响并影响至今。

（2）结构特征。

鞋面款式较多、材质变化较大，这种类型鞋子的主要特征是鞋底是天然麻绳材质。有满帮、凉鞋等多种款式，款式类型非常丰富。产品价格跨度较大，适合多种消费人群。以平底鞋最为常见，也有防水台、坡跟鞋类产品。传统的麻绳底鞋帮面为整块帆布材料，帮面材料在侧面与麻绳底台缝合。在鞋喉部位通常有鞋带，用于将鞋子与脚踝固定。

（3）风格类别：休闲，流行。

（4）正式度：0。

（5）常用材料：材质较为多样，通常使用帆布或棉布材质。以天然柔软的细茎针草麻做鞋底。

（6）适用人群：多样。

（7）穿着场合：非正式场合，休闲度假，温暖季节及环境。

7.3.3　懒人鞋

懒人鞋（slip-on）的款式见图7-23。

图7-23

（1）背景文化。

在款式上我们可以看到它与麻绳底鞋之间的联系。但懒人鞋的出现要大大晚于麻绳底鞋。懒人鞋简单随性，没有鞋带，穿脱方便。再加上它柔软、舒适、轻便、透气，且款式多变、风格自由，深受时尚达人们的喜爱。

（2）结构特征：该款式鞋多为无鞋带低帮款式。

（3）风格类别：休闲。

（4）正式度：0。

（5）常用材料：材质较为多样，通常使用帆布或棉麻布材质。

（6）适用人群：多样。

（7）穿着场合：非正式场合，休闲度假，温暖季节及环境。

7.3.4　玛丽珍鞋

玛丽珍鞋（Mary Jane flat）的款式见图7-24。

图7-24

（1）背景文化。

玛丽珍鞋最初出现于美国漫画家理查德·奥特考特（Richard Outcault）在1902年创作的连环漫画 *Buster Brown*（《布朗小子》）。在这部连环漫画中，女主角的名字是玛丽·珍（Mary Jane），她平时总是穿着一双黑色脚背扣带的鞋。尽管男主角巴斯特·布朗（Buster Brown）与玛丽·珍穿的鞋子款式一样，但是这一款式的鞋子却以玛丽·珍之名在大众中流传。

不仅女孩子会穿玛丽珍鞋，学校合唱团或者年纪较小的男生也会穿玛丽珍款式皮鞋。玛丽珍鞋随着时代流行而有所发展，其不仅在儿童中流行，而且在成人中流行起来，有平跟款也有高跟款，鞋头也不局限于圆头。玛丽珍鞋也是可爱的象征。小高跟的玛丽珍鞋会显得脚非常小，脚踝非常细。

（2）结构特征。

常见的玛丽珍鞋是一种低跟、包脚、圆头，在脚背有一条或多条绑带的平底鞋，又称 bar shoes，常见于女童鞋，也有高跟款式。

（3）风格类别：时尚，流行。

（4）正式度：2。

（5）常用材料：皮革。

（6）适用人群：女性，青少年时期的男生。

（7）穿着场合：学校及日常。

7.3.5　人字拖

人字拖（thong）的款式见图 7-25。

图 7-25

（1）背景文化。

人字拖，又称夹趾拖鞋。其结构简单，风格自由、随性，制作材料也较为多样，没有限制。人字拖款式的历史也较长，现在还可在日本及巴西等地的传统鞋类中找到相应的款式。

（2）结构特征。

结构简单，由"人"字形条带及鞋底构成。"人"字形条带前端在大脚趾和二脚趾间穿过鞋底。

（3）风格类别：休闲。

（4）正式度：0。

（5）常用材料：皮革、塑料、EVA 等。

（6）适用人群：多样。

（7）穿着场合：夏季的海滩或温暖地区的休闲场合。

7.3.6　木鞋/克洛格鞋

木鞋 / 克洛格鞋（clog）的款式见图 7-26。

图 7-26

（1）背景文化。

传统木鞋是一种部分或全部由木头制作的鞋。

"Pop one's clogs"是个俚语，常被英国人使用，指"死掉、蹬腿"。

Pop 指"典当物品"，是古英语的一种用法，clogs 指"木底鞋"。据说，在英格兰中部和北部地区，clogs（木底鞋）是早期产业工人的"工作鞋"。到了换班时间，涌进涌出的工人们穿着木底鞋击在石子路上的哗啦啦的声响好似从天边传来的雷。久而久之，clogs（木底鞋）竟成了工人阶级的象征。

看到这儿，想必用"pop one's clogs"（字面意：典当木底鞋）来形容"死掉"也就很好理解了。"木底鞋"是工人上班的必用品，如果连木底鞋都想当掉，那么这个人似乎连生存都很困难了。

现在仍然可以在荷兰见到完全由木头制作的木底鞋工艺品。

现代实用产品仍然保留了典型元素，风格复古怀旧。

（2）结构特征。

木鞋通常为大圆头款式，且没有条带等其他固定结构。鞋底较厚，为木质。

（3）风格类别：休闲。

（4）正式度：1。

（5）常用材料：木、皮革等。

（6）适用人群：多样。

（7）穿着场合：非正式场合。

7.3.7 穆勒鞋

穆勒鞋（mule）的款式见图7-27。

图7-27

（1）背景文化。

穆勒鞋的原型类似于15世纪欧洲的花盆底高底鞋，主要功能是划分社会阶层以及避免弄脏双脚。后由李奥纳多·达·芬奇设计改良，将鞋与鞋跟分为两个部分，以便凹陷进去的部分能够正好卡住马镫，方便行军打仗。法国的王后凯瑟琳·德·美第奇身高不足1.5m，为了得到贵族尊重，她常穿着10cm左右的穆勒鞋，一时法国男女贵族为穆勒鞋疯狂。穆勒鞋的鞋帮最开始以丝绸刺绣为主，鞋跟多为木头。如今穆勒鞋以女性在春夏季节穿着为主，鞋头部分全包裹或者露脚趾，脚后跟部位依旧裸露出来，鞋款酷似带跟的时尚拖鞋，鞋跟高低不限、材料不限。

（2）结构特征。

脚跟不被包裹，跟的高度不限。前脚掌被完整包裹，类似于拖鞋。

（3）风格类别：休闲。

（4）正式度：0。

（5）常用材料：原为丝绸刺绣帮面，木质鞋底。现在为多种材料。

（6）适用人群：多样。

（7）穿着场合：春夏季非正式场合。

7.3.8 中空鞋

中空鞋（奥赛平底鞋）的款式见图7-28。

图7-28

（1）背景文化。

中空鞋是19世纪Alfred Guillaume Gabriel创造的，由于鞋的轮廓很漂亮，后来在贵族女性中流行起来并成为女鞋最经典的款式之一。该鞋款裸露脚背，并将足弓的侧面线条裸露出来，能够在视觉效果上拉长双腿。该鞋款属于女鞋流行款式，鞋跟样式有高跟、中跟、平跟，以当季流行颜色、材料为主。

（2）结构特征。

中空鞋前有鞋头，后有包跟，中间空着。中空鞋有平底款、高跟款和半中空款。半中空鞋款（half d'orsay shoes）足弓两侧有一侧中空，另一侧鞋头部分与鞋跟连接。

（3）风格类别：时尚。

（4）正式度：3。

（5）常用材料：皮革等多种材料。

（6）适用人群：女性。

（7）穿着场合：日常或非正式场合。

7.3.9 蝴蝶结鞋

蝴蝶结鞋（bow shoe）的款式见图7-29。

图7-29

（1）背景文化。

蝴蝶结是一种十分古老的装饰元素，在很早之前欧洲就已经将其用于鞋类的装饰。如今还可以在许多人物绘画类作品中看到蝴蝶结鞋的早期原型。在欧洲，早期的蝴蝶结鞋多为男士所穿着。

而在现代，蝴蝶结鞋则是典型的女鞋款式，风格年轻可爱、活泼俏皮。

（2）结构特征：在足背鞋口处以蝴蝶结作为装饰。

（3）风格类别：时尚。

（4）正式度：3。

（5）常用材料：皮革、纺织材料。

（6）适用人群：年轻女性。

（7）穿着场合：日常生活，户外。

7.3.10 晚装便鞋

晚装便鞋（evening slipper）的款式见图7-30。

图7-30

（1）背景文化。

晚装便鞋也称吸烟鞋（smoking slipper）、阿尔伯特王子便鞋（prince Albert slipper）。这款鞋源自英国维多利亚时期，由英国皇室室内便鞋演变而来。通常以天鹅绒为帮面，真皮做鞋底。这款鞋还常以缎带或金线刺绣纹等为装饰，是早期贵族男士的标配。

后来该款式也逐渐衍生出女性时尚款式。

（2）结构特征：无鞋带的平跟款式，鞋口多为内弧深口，滚边。两侧大幅度向内凹进。

（3）风格类别：正式。

（4）正式度：4。

（5）常用材料：天鹅绒、真皮底。

（6）适用人群：早期以男性为主，现在以女性为主。

（7）穿着场合：晚宴、晚会等正式场合。

7.3.11 剧院鞋

剧院鞋（opera）的款式见图7-31。

图7-31

（1）背景文化。

剧院鞋源于维多利亚时期观看歌舞剧或在其他正式场合穿着的皮鞋，一般采用黑色漆皮材料，帮面有丝质蝴蝶结装饰。

（2）结构特征：平跟、内弧口、无系带款式，多有丝带装饰。

（3）风格类别：正式。

（4）正式度：5。

（5）常用材料：黑色漆皮、丝带。

（6）适用人群：歌舞剧男性和女性观众。

（7）穿着场合：观看歌舞剧演出等正式场合。

7.3.12　无腰帮鞋

无腰帮鞋（open shank）的款式见图7-32。

图7-32

（1）结构特征：在中底腰位（勾心位置）处无鞋面，中底腰位裸露在外。

（2）风格类别：时尚。

（3）正式度：3。

（4）常用材料：皮革。

（5）适用人群：成年男女。

（6）穿着场合：日常或半正式场合。

7.3.13　船鞋

船鞋（boat shoe/deck shoe/top sider）的款式见图7-33。

图7-33

（1）背景文化。

船鞋又称甲板鞋，该款式的产生与船员的海上生活密切相关。为了防止在海上甲板作业时鞋子进水和打滑，船鞋应运而生。船鞋在诞生之初，它的功能性更为重要。

随着时代的发展，船鞋以原有功能为基础，进一步发展成为潮流款式，该款式也逐渐被赋予时尚感，为越来越多的时尚人士所推崇，也演绎出越来越多样的材料及颜色。

（2）结构特征：鞋口穿皮条，围盖款式及脚背系带。

（3）风格类别：休闲，时尚。

（4）正式度：2。

（5）常用材料：皮革、帆布，无痕橡胶底。

（6）适用人群：男士为主。

（7）穿着场合：户外休闲娱乐。

7.3.14　莫卡辛鞋

莫卡辛鞋（moccasin）的款式见图7-34。

图7-34

（1）背景文化。

莫卡辛鞋又称套楦鞋、缝线鞋、包子鞋、烧卖鞋。其起源于北美印第安，过去一般选用鹿皮，现在则改用其他较柔软的皮料，是一款用手工缝线将鞋面与鞋底缝合的平底鞋。

（2）结构特征。

位于鞋前部的 U 形褶皱围盖结构是该类型鞋的最显著特征。皮革从脚底自下而上包裹至脚面。无中底或半插中底。

（3）风格类别：休闲。

（4）正式度：1。

（5）常用材料：鹿皮等软质皮革。

（6）适用人群：女性。

（7）穿着场合：日常或非正式场合。

7.3.15　驾驶鞋

驾驶鞋（driving shoe）的款式见图 7-35。

图7-35

（1）背景文化。

驾驶鞋是莫卡辛鞋的现代版，又称豆豆鞋。鞋底是橡胶材质，并增加了橡胶小凸块（豆豆），加强鞋底及后跟的摩擦力，以便于驾驶者在开车时突然踩油门或刹车时鞋不会打滑。驾驶鞋保留了莫卡辛鞋的柔软性和舒适性，鞋面和鞋身缝在一起，鞋后跟处增加一块橡胶片，便于驾驶机动车辆时脚后跟挂靠，同时可起到防滑的作用。

（2）结构特征：套楦鞋围盖结构，鞋底和鞋后跟处为突出的豆豆。驾驶鞋柔软舒适。前掌柔软，多为半插中底结构。

（3）风格类别：时尚，休闲。

（4）正式度：0。

（5）常用材料：软质皮革、橡胶鞋底。

（6）适用人群：男性。

（7）穿着场合：驾驶及休闲场合。

7.3.16　袋鼠鞋

袋鼠鞋（wallabee）的款式见图 7-36。

图7-36

（1）背景文化。

袋鼠鞋与 Clarks 品牌密切相关，该款式于 1967 年由 Clarks 品牌原创设计产生，于 20 世纪 80 年代受到嘻哈明星的广泛推崇之后逐步流行并演变成为一种经典款式，后衍生出鞋和靴等不同类别。

（2）结构特征：大圆头、大滚边围盖。鞋子帮面由两大块皮缝制而成，类似经典的套楦鞋款式。其有两组鞋带孔，厚底。

（3）风格类别：休闲。

（4）正式度：1。

（5）常用材料：绒皮、麂皮、生胶。

（6）适用人群：男士。

（7）穿着场合：日常或非正式场合。

7.3.17 阿德莱德鞋

阿德莱德鞋（adelaide）的款式见图7-37。阿德莱德鞋是一种典型的正装鞋，它很容易与其他鞋款相混淆。该款式从不使用绒面皮革进行制作，因为绒面皮革给人以非正式之感。

图7-37

（1）结构特征：鞋带闭合，U形鞋带耳部压线。

（2）风格类别：正式。

（3）正式度：5。

（4）常用材料：全粒面皮革。

（5）适用人群：成熟男士。

（6）穿着场合：正式场合。

7.3.18 乐福鞋

乐福鞋（loafer）的款式见图7-38。

图7-38

（1）背景文化。

"Loaf"一词的本意是一种闲散的生活方式，而loafer就代表着一群拥有这种闲适自在的生活态度的人。乐福鞋通常与都市休闲西装相搭配，易穿脱，是男鞋休闲款中的经典款式。

该款式产生于20世纪30年代，并在20世纪50年代逐渐流行起来。

20世纪七八十年代，Gucci、Weejuns等品牌的乐福鞋在美国等地受到达斯丁·霍夫曼等名人的广泛推崇，这使乐福鞋进一步流行并最终成为经典。

（2）结构特征：围盖款，低帮，无鞋带，易穿脱。

（3）风格类别：休闲，时尚。

（4）正式度：1。

（5）常用材料：多种类皮革。

（6）适用人群：早期以男士为主，现在男女都穿着。

（7）穿着场合：非正式场合。

7.3.19 布洛克鞋

布洛克鞋（brogue）的款式见图7-39。

图7-39

（1）背景文化。

布洛克鞋的历史较为悠久，源自16世纪苏格兰及爱尔兰人于高地工作时所穿着的鞋。后逐渐演化成为绅士正装鞋类。布洛克鞋为内耳式鞋，鞋头为翼尖款式。鞋头及边缘处全部为冲花孔装饰。根据绑带方式、冲孔多少、鞋头变化等又延伸出无绑带布洛克、半布洛克、四分之一布洛克、简化布洛克等款式。

（2）结构特征：内耳式，冲花孔，鞋头为翼尖款式，锯齿边缘。

（3）风格类别：正式。

（4）正式度：5。

（5）常用材料：皮革。

（6）适用人群：男士为主。

（7）穿着场合：正式场合。

7.3.20　巴克鞋

巴克鞋（buck）的款式见图7-40。

图7-40

（1）背景文化。

巴克鞋通常为外耳式绑带矮帮休闲风格皮鞋，多使用绒面皮革制作，适合多种身份和年龄段人群日常户外非正式场合穿着。

（2）结构特征：外耳式男鞋。

（3）风格类别：休闲。

（4）正式度：2。

（5）常用材料：绒皮。

（6）适用人群：男士。

（7）穿着场合：日常。

7.3.21　牛津鞋

牛津鞋（oxford）的款式见图7-41。

图7-41

（1）背景文化。

牛津鞋源自17世纪牛津大学学生的男士制服鞋，也是较早使用鞋带的鞋类款式。它的诞生正值男性时装由奢华主义向实用主义过渡的阶段。牛津鞋款式多与固特异手缝工艺及真皮外底相结合，适合较为正式的高端社交场合。牛津鞋的档次和价位也相对较高。

牛津鞋根据其版型变化产生了很多延伸款式，如流苏牛津鞋、整帮牛津鞋等，在市场上也较为常见。

（2）结构特征：内耳式绑带男鞋。

（3）风格类别：正式。

（4）正式度：5。

（5）常用材料：皮革。

（6）适用人群：成熟男士。

（7）穿着场合：正式场合。

7.3.22　观众鞋（男鞋）

观众鞋（spectator）的款式见图7-42。

图7-42

图7-43

（1）背景文化。

观众鞋与牛津鞋、布洛克鞋有着直接联系。观众鞋款式于19世纪产生，真正流行于20世纪二三十年代。最早由英国知名制鞋匠人约翰·罗布于1868年设计并制作而成。在20世纪二三十年代的英国，这个款式被认为太过花哨，不能体现绅士品位。由于该款式被一些浪荡公子和低俗人士所喜爱，而他们又常常卷入婚姻纠纷中，所以这个款式在当时又被戏称为"共同被告款式"。

（2）结构特征。

内耳式，全布洛克或半布洛克，双色鞋。通常鞋头、后包跟、鞋耳处为深色材料，鞋身为浅色材料。

（3）风格类别：正式。

（4）正式度：5。

（5）常用材料：全粒面皮革、帆布、绒皮、网布。

（6）适用人群：成熟男士。

（7）穿着场合：剧院等演出场所，正式场合。

7.3.23　沙漠鞋

沙漠鞋（desert）的款式见图7-43。

（1）背景文化。

沙漠鞋，产生于20世纪八九十年代，原型为士兵在沙漠地区作战时穿着的军靴，它轻便、透气、防沙，无须打油。

（2）结构特征。

外耳防漏沙鞋舌，两排鞋孔绑带。帮面结构简洁，深口或短靴。

（3）风格类别：休闲。

（4）正式度：1。

（5）常用材料：黄褐色牛绒皮。

（6）适用人群：户外徒步旅行者。

（7）穿着场合：户外。

7.3.24　德比鞋

德比鞋（derby）的款式见图7-44。

图7-44

（1）背景文化。

关于德比鞋的来源，并没有十分统一的说法。有人说该款式源于军队；有人说该款式源于英国的第14代伯爵德比（14th Earl of Derby），也就是出任过英国首相的爱德华·杰弗里·史密斯·斯坦利（Edward Geoffrey Smith Stanley）。据说他的脚比常人大，所以很难买到合脚的鞋子，于是他的鞋匠就为他设计出一款外耳式的鞋子，让他的脚可以不用受内耳式皮鞋之苦，后来就变成了现在大家所熟知的德比鞋。

（2）结构特征。

外耳式绑带，鞋舌与鞋面为一张皮，外耳与鞋面为分体结构。

（3）风格类别：正式。

（4）正式度：4。

（5）常用材料：皮革。

（6）适用人群：成熟男士。

（7）穿着场合：正式、半正式社交场合。

7.3.25　布鲁彻鞋

布鲁彻鞋（blucher）的款式见图7-45。

图7-45

（1）背景文化。

布鲁彻鞋与普鲁士陆军元帅布吕歇尔有些渊源。直到19世纪，军队里的士兵还都是穿长军靴，在潮湿的泥泞中行军一天，沾满泥水的靴子很是麻烦。为了让士兵行军更舒适，布吕歇尔元帅对军靴进行了改良：增加了鞋带，脚踝下方左右两块皮料从脚后跟一直到脚背上并用鞋带系起来。这样穿脱方便，且由于有了鞋带，可以自行调整松紧，脚宽的士兵也不会感觉挤脚了。

（2）结构特征。

外耳式绑带，鞋舌与鞋面为一张皮，外耳与鞋面为整体结构。

（3）风格类别：正式。

（4）正式度：4。

（5）常用材料：皮革。

（6）适用人群：成熟男士。

（7）穿着场合：正式、半正式社交场合。

7.3.26　翼尖鞋

翼尖鞋（wing tips）的款式见图7-46。

图7-46

（1）结构特征。

因其酷似展开的鸟翼，故被称为"翼尖鞋"。鞋头上面有W形结构分隔，延伸到鞋的中部。多有沿边缘排列的花孔，边缘呈锯齿状，这是翼尖鞋明显的特征，鞋尖部分的设计尤为突出。

（2）风格类别：正式。

（3）正式度：5。

（4）常用材料：皮革。

（5）适用人群：成熟男士。

（6）穿着场合：正式社交场合。

7.3.27 扣带蒙克鞋

扣带蒙克鞋（monk strap）的款式见图7-47。

（1）背景文化。

扣带蒙克鞋又称僧侣鞋，因为在11世纪前的罗马，修道士都穿着这种鞋，主要是因为这种鞋十分耐穿，很适合修道士的日常工作，故名"扣带蒙克鞋"。在当时，修道士算是引领潮流的风向标，因此扣带蒙克鞋迅速在各地流行起来。

（2）结构特征。

扣带蒙克鞋最大的特色是没有鞋带，只有一个宽大的横向带以及金属环扣在鞋面上，标志性的横带装饰压附于鞋舌。扣带蒙克鞋又分单扣、双扣、三扣以及交叉扣等。

（3）风格类别：正式。

（4）正式度：5。

（5）常用材料：皮革。

（6）适用人群：成熟男士。

（7）穿着场合：正式社交场合。

7.3.28 挪威鞋

挪威鞋（Norwegian）的款式见图7-48。

（1）结构特征。

围条中分，外耳式绑带。围条与围盖通常为手缝连接。

（2）风格类别：正式。

（3）正式度：4。

（4）常用材料：皮革。

（5）适用人群：成熟男士。

（6）穿着场合：正式及半正式社交场合。

图7-47   图7-48

经典的凉鞋款式拓展

7.4

经典的凉鞋款式

7.4.1 平底人字拖

平底人字拖（flipflop）的款式见图7-49。

图7-49

（1）背景文化。

这个款式的鞋被全世界很多国家和地区的人所穿着，其最早可追溯至公元前1500年的古埃及时期。现代的人字拖发端于日本草履，第二次世界大战后由美国士兵带回本土后开始流行起来，从20世纪60年代开始变成男女流行的凉鞋款式。该款式在世界各地也有着不同的叫法。

（2）结构特征：平底，与足部结合不甚紧密。"人"字形条带由大脚趾与二脚趾间延伸至脚的两侧。

（3）风格类别：休闲。

（4）正式度：0。

（5）常用材料：塑料、EVA。

（6）适用人群：男女老幼。

（7）穿着场合：度假休闲。

7.4.2 拖鞋

拖鞋（slider）的款式见图7-50。

图7-50

（1）背景文化。

拖鞋的出现可追溯至古罗马时期。该款式的流行是因为人们对更加舒适、随意生活的追求。

（2）结构特征：后空，露脚趾，鞋跟可高可低，鞋面条带可宽可窄。多为在前脚掌处设有条带的款式。

（3）风格类别：休闲。

（4）正式度：0。

（5）常用材料：塑料、软木、皮革等。

（6）适用人群：多种人群。

（7）穿着场合：非正式场合。

7.4.3 交叉带拖鞋

交叉带拖鞋（cross thong）的款式见图7-51。

图7-51

（1）结构特征：鞋面为交叉带，后空。

（2）风格类别：休闲。

（3）正式度：0。

（4）常用材料：皮革、塑料。

（5）适用人群：多种人群。

（6）穿着场合：非正式场合。

7.4.4 脚踝带凉鞋

脚踝带凉鞋（ankle strap sandal）的款式见图7-52。

图7-52

（1）结构特征：有环绕足踝的条带。

（2）风格类别：时尚。

（3）正式度：1。

（4）常用材料：皮革、松紧带。

（5）适用人群：时尚女性。

（6）穿着场合：夏季户外，日常生活。

7.4.5 华拉奇凉鞋

华拉奇凉鞋（huarache）的款式见图7-53。

图7-53

（1）背景文化。

华拉奇凉鞋（皮条编织平底凉鞋）是一种典型的前哥伦布时期墨西哥凉鞋款式，鞋面为皮条编织形式。最早出现于墨西哥农业地区，后被宗教人士所接受。在20世纪30年代，开始出现橡胶鞋底的新品。从20世纪60年代开始，由于与嬉皮文化相融合，该款式传播至北美。20世纪末在南北美洲都流行开来。

（2）结构特征：皮条编织，平底。

（3）风格类别：休闲。

（4）正式度：0。

（5）常用材料：皮条、皮革。

（6）适用人群：多种人群。

（7）穿着场合：夏季户外休闲场合。

7.4.6 罗马鞋

罗马鞋（gladiator）的款式见图7-54。

图7-54

（1）背景文化。

罗马鞋，又名角斗士鞋。以T字带结构最为典型，前掌处可为多条带款式。该款式在古希腊和古罗马时期十分流行。

（2）结构特征：T字带结构，平底，多条带穿插。

（3）风格类别：休闲。

（4）正式度：0。

（5）常用材料：皮革、皮条。

（6）适用人群：青年男女。

（7）穿着场合：夏季户外休闲场合。

图7-56

7.4.7 渔夫凉鞋

渔夫凉鞋（fisherman sandal）的款式见图7-55。

图7-55

（1）结构特征：多横向条带，十字穿插结构。

（2）风格类别：休闲。

（3）正式度：1。

（4）常用材料：皮革。

（5）适用人群：男士。

（6）穿着场合：夏季户外休闲场合。

7.4.8 沃利舒弗鞋

沃利舒弗鞋（wörishofer）的款式见图7-56。

（1）背景文化。

沃利舒弗鞋是在德国巴伐利亚沃利舒弗小镇制作的一种女式矫正鞋。用软木做坡跟，以达到减震缓冲的效果。该品类设计产生于20世纪40年代，被认为是一种舒适却难看的鞋，但在2010年前后开始流行起来，它被克尔斯滕·邓斯特、玛吉·吉伦哈尔等名人穿着。

（2）结构特征：软木坡跟，多形态点状排列镂空。

（3）风格类别：时尚。

（4）正式度：1。

（5）常用材料：皮革、软木。

（6）适用人群：时尚女性。

（7）穿着场合：夏季户外，日常生活。

7.4.9 盐水凉鞋

盐水凉鞋（salt water sandal）的款式见图7-57。

图7-57

（1）背景文化。

盐水凉鞋是一款经典的女式凉鞋，鞋面由防水皮革制成，鞋底多为橡胶材质，可在水中穿着。1944年英国人沃特·霍伊在美国密苏里州圣路易斯用一双旧军靴的皮为女儿制作了第一双盐水凉鞋。这一款式延续至今。

（2）结构特征：防水皮革交叉结构，平底凉鞋。

（3）风格类别：休闲。

（4）正式度：0。

（5）常用材料：防水皮革、橡胶底。

（6）适用人群：儿童、女士。

（7）穿着场合：夏季户外休闲场合。

7.4.10 木屐

木屐（geta）的款式见图7-58。

图7-58

（1）背景文化。

木屐是一种两齿木底拖鞋。木屐是由中国人发明的，是隋唐以前，特别是汉朝时期的常见鞋类。其名来自中古音"屐屧"，使用于室外。后传入日本，在日本流行至今。

（2）结构特征：夹趾款式，两齿实木鞋底。

（3）风格类别：休闲。

（4）正式度：0。

（5）常用材料：木质鞋底。

（6）适用人群：多种人群。

（7）穿着场合：室外。

7.4.11 成型中底凉鞋

成型中底凉鞋（contoured insole sandal）的款式见图7-59。

图7-59

（1）结构特征：为曲线成型中底，中底形态贴合足底轮廓曲线，鞋底预制成型。

（2）风格类别：休闲。

（3）正式度：0。

（4）常用材料：皮革、软木等。

（5）适用人群：青年男女。

（6）穿着场合：夏季户外休闲场合。

7.4.12 防水台鞋

防水台鞋（platform）的款式见图7-60。

图7-60

（1）背景文化。

防水台鞋在很多地区的历史发展过程中都曾出现，最为有名的防水台鞋是15世纪出现在意大利威尼斯的 Zoccoli 鞋，这种鞋的出现是为了解决当地人出行时遇到水漫街道的问题。20 世纪 70 年代，这种鞋开始在欧洲流行，男女鞋都会使用防水台。现在防水台则主要用于女鞋。

（2）结构特征：使用增高防水台，鞋底较厚。

（3）风格类别：时尚。

（4）正式度：1。

（5）常用材料：皮革。

（6）适用人群：追求时尚的年轻女性。

（7）穿着场合：户外。

7.4.13 弧底凉鞋

弧底凉鞋（curved sole sandal）的款式见图 7-61。

图 7-61

（1）背景文化。

弧底最初是为了解决有足部问题的人的行走困难而设计的。弧底凉鞋最早产生于 20 世纪 90 年代，随后在欧洲瑞士等地逐渐发展、流行起来。由于弧底凉鞋的鞋底呈弧形，因而平衡感不好或需要保持平衡的人不适合穿着此类鞋。

（2）结构特征：外底面为圆弧形，厚底，以休闲、运动款式为主。

（3）风格类别：休闲，运动。

（4）正式度：0。

（5）常用材料：皮革。

（6）适用人群：年轻人、有足病或行走困难的人。

（7）穿着场合：户外休闲场合。

7.4.14 软木凉鞋

软木凉鞋（cork sandal）的款式见图 7-62。

图 7-62

（1）结构特征。

鞋底由软木材料制成，软木材料自然舒适，可循环再生，是一种环境友好型材料。这种材料易加工，轻盈柔软，可塑性强，还可以有效降低行走产生的震动，穿着十分舒适。但这种材料不甚耐磨。

（2）风格类别：休闲，时尚。

（3）正式度：1。

（4）常用材料：软木、皮革等。

（5）适用人群：女士。

（6）穿着场合：户外休闲场合。

7.4.15 穆勒凉拖

穆勒凉拖（mule）的款式见图 7-63。

图 7-63

（1）背景文化。

该款式可上溯至古罗马时期，到16世纪才在欧洲流行起来，当时该款式作为一种室内穿着款式，不会在公众场合穿着。但经过几个世纪的发展，凉拖的款式、功能和穿着习惯都发生了改变，且穿脱方便，后来逐渐流行开来。

（2）结构特征：多为前密后开拖鞋款式。

（3）风格类别：时尚。

（4）正式度：1。

（5）常用材料：皮革。

（6）适用人群：女士。

（7）穿着场合：非正式场合。

7.4.16　吉利鞋

吉利鞋（ghillie）的款式见图7-64。

图7-64

（1）背景文化。

吉利鞋是一种专门为一些舞蹈设计的鞋子。这种鞋和芭蕾舞鞋一样非常柔软。爱尔兰、苏格兰等地区的跳民间舞的舞者常穿着吉利鞋。

（2）结构特征：鞋带交叉穿过鞋面中央并系紧。

（3）风格类别：休闲。

（4）正式度：0。

（5）常用材料：柔软皮革。

（6）适用人群：女士。

（7）穿着场合：演出、户外休闲场合。

7.4.17　T字带凉鞋

T字带凉鞋（T bar）的款式见图7-65。

图7-65

（1）结构特征：T字形足背中带。

（2）风格类别：时尚。

（3）正式度：2。

（4）常用材料：多种材料。

（5）适用人群：时尚女士。

（6）穿着场合：户外日常社交场合。

7.4.18　交叉带凉鞋

交叉带凉鞋（cross over）的款式见图7-66。

图7-66

（1）结构特征：足踝处为交叉带。

（2）风格类别：时尚。

（3）正式度：2。

（4）常用材料：多种材料。

（5）适用人群：时尚女士。

（6）穿着场合：户外日常社交场合。

7.4.19　多条带凉鞋

多条带凉鞋（multi strap）的款式见图7-67。

图7-67

图7-68

（1）背景文化。

该凉鞋款式与罗马鞋款式有直接联系，罗马鞋多为平底款式，多条带凉鞋以高跟款式为主。

（2）结构特征：鞋面由大量条带构成。

（3）风格类别：时尚。

（4）正式度：2。

（5）常用材料：多种材料。

（6）适用人群：时尚女士。

（7）穿着场合：户外日常社交场合。

7.4.20　镂空凉鞋

镂空凉鞋（cut-out）的款式见图7-68。

（1）结构特征：鞋面为镂空工艺制作而成。

（2）风格类别：时尚。

（3）正式度：2。

（4）常用材料：皮革等多种材料。

（5）适用人群：时尚女士。

（6）穿着场合：户外日常社交场合。

7.4.21　麻布成型底台凉鞋

麻布成型底台凉鞋（espadrille wedge）的款式见图7-69。

图7-69

（1）结构特征：成型底由麻布、麻绳材料制成。鞋面款式较多，以棉、麻、帆布等纺织材料制作较为常见。跟高也较为多样。

（2）风格类别：休闲，时尚。

（3）正式度：2。

（4）常用材料：麻布等多种材料。

（5）适用人群：时尚女性。

（6）穿着场合：户外日常社交场合。

7.5

经典的高跟鞋款式

经典的高跟鞋款式拓展

7.5.1 浅口单鞋

浅口单鞋（pump/court shoe）的款式见图7-70。

图7-70

（1）背景文化。

浅口单鞋曾是正装男鞋款式。其结构简单，通常使用整块皮革制作。现在的浅口单鞋可以说是最为流行的女鞋款式。关于该款式起源的说法不统一。17世纪之前，这个款式的男女鞋较为相似，之后开始出现分化，男鞋款式开始向实用化方向发展，女鞋款式开始向装饰化方向发展。

（2）结构特征：满帮浅口，无绑带、饰扣、条带等装饰，通常为有跟鞋。

（3）风格类别：正式。

（4）正式度：5。

（5）常用材料：皮革。

（6）适用人群：职业女性。

（7）穿着场合：正式社交场合。

7.5.2 细高跟鞋

细高跟鞋（stiletto）的款式见图7-71。

图7-71

（1）背景文化。

细高跟鞋又称匕首跟高跟鞋，这个名称最早产生于20世纪30年代，用以形容细高的鞋跟。

（2）结构特征：鞋跟细高，形似匕首。

（3）风格类别：时尚。

（4）正式度：4。

（5）常用材料：皮革。

（6）适用人群：时尚女性。

（7）穿着场合：正式社交场合。

7.5.3 后空高跟鞋

后空高跟鞋（slingback）的款式见图7-72。

（1）结构特征：鞋后部敞开，条带绕过后跟处。

（2）风格类别：时尚。

（3）正式度：4。

（4）常用材料：皮革。

（5）适用人群：职业女性。

（6）穿着场合：正式或半正式社交场合。

7.5.4 踝带高跟鞋

踝带高跟鞋（ankle strap）的款式见图7-73。

（1）结构特征：具有踝带的浅口单鞋。

（2）风格类别：时尚，正式。

（3）正式度：4。

（4）常用材料：皮革。

（5）适用人群：职业女性。

（6）穿着场合：正式社交场合。

图7-72　　　　　　　　　　　　　图7-73

7.5.5 双带高跟鞋

双带高跟鞋（double strap）的款式见图7-74。

图7-74

（1）结构特征：在足踝与脚背顶端都有条带。

（2）风格类别：时尚。

（3）正式度：3。

（4）常用材料：皮革。

（5）适用人群：时尚女性。

（6）穿着场合：日常社交场合。

7.5.6 交叉带高跟鞋

交叉带高跟鞋（cross strap）的款式见图7-75。

图7-75

（1）结构特征：足踝处有交叉带。

（2）风格类别：时尚。

（3）正式度：4。

（4）常用材料：皮革。

（5）适用人群：职业女性。

（6）穿着场合：正式或半正式社交场合。

7.5.7 鱼嘴高跟鞋

鱼嘴高跟鞋（peep toe）的款式见图7-76。

图7-76

（1）背景文化。

该款式于20世纪40年代开始流行并在20世纪60年代短暂消失。鞋子露出2个脚趾，藏了3个脚趾，既带几分性感，又不失端庄优雅。鱼嘴可与浅口单鞋、后空鞋、靴等款式搭配。

（2）结构特征：脚尖处小面积开口，露出一两个脚趾。

（3）风格类别：正式，时尚。

（4）正式度：4。

（5）常用材料：皮革。

（6）适用人群：职业女性。

（7）穿着场合：正式或半正式社交场合。

7.5.8　吉利单鞋

吉利单鞋（ghillie pump）的款式见图7-77。

图7-77

（1）背景文化。

其背景文化与本章7.4.16"吉利鞋"相同，此处不再赘述。

（2）结构特征：脚背和足踝处具有绑带结构。

（3）风格类别：时尚。

（4）正式度：2。

（5）常用材料：皮革。

（6）适用人群：时尚女性。

（7）穿着场合：日常社交场合。

7.5.9　乐福单鞋

乐福单鞋（loafer pump）的款式见图7-78。

图7-78

（1）背景文化。

该款式从乐福男鞋演变而来。

（2）结构特征：其结构特征同本章7.3.18"乐福鞋"，此处不再赘述。

（3）风格类别：休闲，时尚。

（4）正式度：2。

（5）常用材料：皮革。

（6）适用人群：成熟女性。

（7）穿着场合：日常生活，户外。

7.5.10　红宝石鞋

红宝石鞋（ruby slipper）的款式见图7-79。

图7-79

（1）背景文化。

红宝石鞋是1939年朱迪·嘉兰在音乐电影《绿野仙踪》中饰演桃乐丝时所穿着的鞋子。由于名人效应，这款鞋给人们留下了深刻的印象。

（2）结构特征：通体采用亮片材料，鞋面用蝴蝶结装饰。

（3）风格类别：戏剧。

（4）正式度：0。

（5）常用材料：亮片。

（6）适用人群：演职人员。

（7）穿着场合：戏剧演出。

7.5.11 穆勒高跟凉拖

穆勒高跟凉拖（mule）的款式见图7-80。

图7-80

（1）背景文化。

其背景文化与本章7.4.15"穆勒凉拖"相同，此处不再赘述。

（2）结构特征：前满后空，无条带拖鞋款式。

（3）风格类别：休闲。

（4）正式度：0。

（5）常用材料：皮革等多种材料。

（6）适用人群：女性。

（7）穿着场合：户外非正式场合。

7.5.12 流苏高跟鞋

流苏高跟鞋（kiltie pump）的款式见图7-81。

图7-81

（1）背景文化。

该款式源自流苏乐福男鞋。

（2）结构特征：帮面围盖结构，流苏装饰。

（3）风格类别：时尚。

（4）正式度：3。

（5）常用材料：皮革。

（6）适用人群：职业女性。

（7）穿着场合：正式或半正式社交场合。

7.5.13 防水台高跟鞋

防水台高跟鞋的款式见图7-82。

图7-82

（1）风格类别：时尚。

（2）正式度：3。

（3）常用材料：皮革。

（4）适用人群：时尚前卫女性。

（5）穿着场合：日常生活、户外等多种场合。

7.5.14　坡跟鞋

坡跟鞋（wedge shoe）的款式见图7–83。

（1）背景文化。

坡跟鞋也称楔形跟鞋，相比高跟鞋而言，坡跟鞋穿着更为稳固，足部不易疲劳。20世纪四五十年代就出现了坡跟鞋，并一直流行至今。

（2）风格类别：时尚，正式。

（3）正式度：4。

（4）常用材料：皮革等多种材料。

（5）适用人群：多种人群。

（6）穿着场合：多种场合。

7.5.15　高跟牛津鞋单鞋

高跟牛津鞋单鞋（oxford pump）的款式见图7–84。

（1）背景文化。

该款式是将牛津男鞋款式应用于高跟鞋。

（2）结构特征：内耳式深口鞋。

（3）风格类别：时尚。

（4）正式度：3。

（5）常用材料：多种材料。

（6）适用人群：女性。

（7）穿着场合：春秋季户外。

图7–83　　　　　　　　　图7–84

7.5.16 观众鞋（女鞋）

观众鞋（spectator）的款式见图7-85。

（1）背景文化。

由观众鞋（男鞋）款式演变而来，其详细背景见本章7.3.22"观众鞋（男鞋）"，此处不再赘述。

（2）结构特征：同7.3.22"观众鞋（男鞋）"。

（3）风格类别：时尚。

（4）正式度：3。

（5）常用材料：多种材料。

（6）适用人群：女性。

（7）穿着场合：春秋户外。

7.5.17 无跟高跟鞋

无跟高跟鞋（heel-less）的款式见图7-86。

（1）背景文化。

无跟高跟鞋的出现目的性十分明确——要博人眼球。近年来，在好莱坞、时尚圈T台上，无跟高跟鞋多次亮相，当然，鞋的穿着者们也经常由于重心不稳而跌倒。

（2）结构特征：无独立鞋跟的高跟鞋。

（3）风格类别：时尚、前卫。

（4）正式度：0。

（5）常用材料：多种材料。

（6）适用人群：前卫女性。

（7）穿着场合：时尚活动场合。

图7-85　　　　　　　　　　　　　　图7-86

7.6

经典的靴款式

经典的靴款式拓展

7.6.1 丽塔靴

丽塔靴（lita boot）的款式见图7-87。

（1）背景文化。

代表品牌：Jeffery Campbell。丽塔靴是一款典型的街头时尚靴。虽然它出现和流行的时间并不长，但它受到了时尚博主、设计师、一线明星等很多人的喜爱。它的风格前卫、时尚，可以轻易地与时尚装束搭配。但穿着者如果装束为学院风或传统风，则不适合该款式。

（2）结构特征：厚底，内水台，绑带高跟。

（3）风格类别：前卫、时尚。

（4）正式度：0。

（5）常用材料：皮革。

（6）适用人群：年轻、时尚、前卫女性。

（7）穿着场合：街头时尚。

7.6.2 深口鞋靴

深口鞋靴（shoe boot）的款式见图7-88。

（1）结构特征：深口鞋，踝鞋，鞋口位于足踝之上，无靴筒。

（2）风格类别：时尚。

图7-87　　　　　　　　　　图7-88

（3）正式度：3。

（4）常用材料：皮革。

（5）适用人群：成熟女性。

（6）穿着场合：户外，日常生活。

7.6.3　踝靴

踝靴（ankle boot）的款式见图7-89。

（1）结构特征：靴筒高度约为13cm，位于足踝以上。

（2）风格类别：时尚。

（3）正式度：3。

（4）常用材料：皮革。

（5）适用人群：职业女性。

（6）穿着场合：秋冬季日常社交场合。

7.6.4　恰克靴

恰克靴（chukka）的款式见图7-90。

（1）背景文化。

代表品牌：Clarks。该款式自1949年美国芝加哥鞋展开始走进人们的视野，从20世纪50年代起开始流行。

（2）结构特征：靴筒高度同踝靴的靴筒高度，有两三对鞋眼用于绑带。

（3）风格类别：时尚。

（4）正式度：2。

（5）常用材料：牛皮、绒皮。

（6）适用人群：多种人群。

（7）穿着场合：日常生活、户外等多种场合。

图7-89　　　　　　　　　　　图7-90

7.6.5 无筒靴

无筒靴（cut-out boot）的款式见图7-91。

（1）结构特征：高度约为20cm的矮靴。

（2）风格类别：时尚。

（3）正式度：2。

（4）常用材料：皮革。

（5）适用人群：女性。

（6）穿着场合：日常户外社交场合。

7.6.6 纽扣靴

纽扣靴（button up boot）的款式见图7-92。

（1）背景文化。

维多利亚女王是这一款式的倡导者。纽扣靴的发展轨迹与balmoral靴比较接近。纽扣款式的出现晚于鞋带款式。纽扣靴被认为是更为女性化的款式。其出现之后，迅速被人们接受和认可，在男女靴开始流行起来。19世纪80年代，该款式的流行达到顶峰。它流行的原因有二：一是它美观、时尚；二是它具有实用性，纽扣不会像鞋带那样容易松脱。但系纽扣也比较麻烦，所以人们发明了系纽钩，这在当时成为一种类似鞋拔的家庭必备物品。进入20世纪后该款式的流行程度开始下降，但也仍然延续至第一次世界大战前后。由于战时物资按计划供给，所以一切从简，纽扣靴更趋向于功能性。如今这个款式又重新回到了高级定制的范畴。

（2）结构特征。

靴筒开合方式为侧面纽扣（常见为5～6颗），纽扣起始于鞋喉部位。帮面、靴筒常使用两种不同材料。一般使用真皮外底。

（3）风格类别：时尚，正式。

图7-91

图7-92

（4）正式度：4。

（5）常用材料：皮革。

（6）适用人群：成熟男女性。

（7）穿着场合：正式社交场合。

7.6.7　侧松紧靴/切尔西靴

侧松紧靴 / 切尔西靴（side gore boot/chelsea）的款式见图 7-93。

（1）背景文化。

该款式的历史可追溯至维多利亚时期，从 20 世纪 50 年代开始，一些艺术家、电影人在伦敦切尔西地区穿着该类靴子，此款靴子由此而得名。20 世纪 60 年代，该款靴子由于披头士乐队的穿着而大为流行，并最终确立了它在时尚界的地位。这个款式又被称为披头士靴。

（2）结构特征。

矮跟、无绑带、踝靴、侧面松紧带。靴口后侧常有环形标签便于穿鞋。

（3）风格类别：时尚。

（4）正式度：3。

（5）常用材料：皮革。

（6）适用人群：多种人群。

（7）穿着场合：多种场合。

7.6.8　祖母靴

祖母靴（granny boot）的款式见图 7-94。

（1）背景文化。

该款式是在维多利亚时期流行的女靴款式，20 世纪 50 年代和 80 年代又开始复兴。其又被称为奶奶靴、女巫靴、洛丽塔靴、西式复古靴等。

图 7-93　　　　　　　　　　　　　图 7-94

（2）结构特征：黑色高筒，内耳绑带款式。

（3）风格类别：经典复古。

（4）正式度：2。

（5）常用材料：黑棕色皮革。

（6）适用人群：复古人群。

（7）穿着场合：时尚活动。

7.6.9 多扣靴

多扣靴（multi buckle boot）的款式见图7-95。

（1）结构特征：多扣带装饰。

（2）风格类别：时尚。

（3）正式度：2。

（4）常用材料：皮革、针扣。

（5）适用人群：时尚女性。

（6）穿着场合：秋冬季户外，日常生活。

7.6.10 多带靴

多带靴（multi strap boot）的款式见图7-96。

（1）结构特征：多条带矮靴。

（2）风格类别：时尚。

（3）正式度：1。

（4）常用材料：皮革。

（5）适用人群：时尚女性。

（6）穿着场合：时尚社交场合。

图7-95　　　　　　　　　　　图7-96

7.6.11 扣带靴

扣带靴（strapped boot）的款式见图 7-97。

（1）结构特征：靴筒脚踝处用带扣装饰。

（2）风格类别：时尚。

（3）正式度：2。

（4）常用材料：皮革、针扣。

（5）适用人群：女性。

（6）穿着场合：秋冬季户外，日常生活。

7.6.12 流苏靴

流苏靴（tassel boot）的款式见图 7-98。

（1）背景文化。

流苏是具有异域风情、民族风情的常用装饰手段，流苏会跟随走路姿势而前后摆动。世界上许多地区和民族都有使用流苏装饰服饰的特色传统。

（2）结构特征：靴筒用流苏皮条装饰。

（3）风格类别：时尚民族风。

（4）正式度：1。

（5）常用材料：皮革。

（6）适用人群：女性。

（7）穿着场合：秋冬季户外，日常生活。

图7-97　　　　　　　　　　图7-98

7.6.13 钢头靴

钢头靴（steel-toe boot）的款式见图7-99。

（1）背景文化。

钢头靴是一种安全防护靴，靴头内置钢质包头，防止在生产活动中被重物砸伤或重压。多数带有绝缘防刺穿内外底，防止过电或钉、针等尖锐物品刺伤足底。

（2）结构特征：内置钢质包头，绝缘防护鞋底。

（3）风格类别：工装。

（4）正式度：0。

（5）常用材料：牛皮、钢质内包头。

（6）适用人群：操作工人。

（7）穿着场合：工厂车间。

7.6.14 正装靴

正装靴（dress boot）的款式见图7-100。

（1）背景文化。

正装靴是一款男士短靴，是传统意义上的日间正装靴。直到维多利亚时期末，男士在日间都只穿靴子，单鞋多为晚间穿着。高筒马靴多为日常穿着，正装靴则为非常正式的场合穿着。正装靴多使用漆皮和黑色牛皮制作。后来该款式逐渐为正式晚宴等场合穿着。

（2）结构特征：内耳绑带短靴。

（3）风格类别：正式。

（4）正式度：5。

（5）常用材料：漆皮或普通皮革。

（6）适用人群：成熟男性。

（7）穿着场合：正式社交场合。

图7-99　　　　　　　　　　　　　　　图7-100

7.6.15 拉链靴

拉链靴（zip up boot）的款式见图7-101。

（1）结构特征：该款式以拉链为主要靴筒开合方式，较之以往的绑带款式，拉链款式更为方便，易穿脱。

（2）风格类别：休闲。

（3）正式度：0。

（4）常用材料：拉链。

（5）适用人群：青年男女。

（6）穿着场合：日常户外休闲场合。

7.6.16 猎鸭靴

猎鸭靴（duck boot）的款式见图7-102。

（1）背景文化。

代表品牌：L. L. Bean。1911年，美国缅因州有一位酷爱打猎的中年人 Leon Leowood Bean。每次去狩猎他都觉得脚上的皮靴太厚重，而且长时间行走在潮湿且泥泞的灌木丛里，双脚又湿又冷，很难受。有一天他灵机一动，把雨靴的橡胶材质和靴子的皮革缝制到一起，发现能兼顾保暖和防水需求，效果还真的不错。就这样，一双富有创造性的猎鸭靴诞生了。

（2）结构特征。

鞋底由结实的防水橡胶做成，鞋面的爪状花纹和鸭爪的形状十分相似，可以减少磨损划花的情况；鞋头部分采用了橡胶包头的设计，靴内还有气垫夹层和棉毛填充物，保暖性极强。

（3）风格类别：防护。

（4）正式度：0。

（5）常用材料：橡胶、皮革。

图7-101　　　　　　　　　　　　　　　图7-102

（6）适用人群：寒冷潮湿地区的人群。

（7）穿着场合：寒冷潮湿的户外。

7.6.17 钉靴

钉靴（hobnail boot）的款式见图7-103。

（1）背景文化。

该款式历史较为悠久，之前军队、工人使用较多。古罗马士兵也曾穿着带有底钉的凉鞋（caligae）。现在的钉靴在第一次世界大战时确定形制，现多用于登山者，安装特制靴钉以防止岩石松动及冰雪导致的滑落。

（2）结构特征：靴底短钉，厚头，鞋跟包铁，铁包头。

（3）风格类别：防滑。

（4）正式度：0。

（5）常用材料：金属、皮革。

（6）适用人群：户外运动、工作人员。

（7）穿着场合：户外运动或工作。

7.6.18 工作靴

工作靴（work boot）的款式见图7-104。

（1）结构特征。

工作靴是人们在进行施工作业时穿着的一种安全防护靴。一般具有防滑、防水、防压砸、绝缘等功能，可以有效地保护穿着者的足部及小腿部位的安全。鞋头较厚，内置金属内包头，绝缘橡胶鞋底，防水绑带款式，多使用绒面皮革。

（2）风格类别：防护。

图7-103　　　　　　　　　　　　　　　　　图7-104

（3）正式度：0。

（4）常用材料：皮革、金属、橡胶。

（5）适用人群：操作工人。

（6）穿着场合：工厂环境。

7.6.19 澳洲靴

澳洲靴（Australian boot）的款式见图 7-105。

（1）背景文化。

澳洲靴又称澳洲工作靴。该款式源于 1837 年的英国，由 Joseph Hall 设计。该款式便于穿脱且贴合人体，在日常使用中演变成为切尔西靴。1932 年，R. M. Williams 将其改造成为一款装卸工工作靴。至今为止，还有多家澳大利亚公司生产这种工作靴。该款式多在具有一定危险性的工作环境中穿着。

（2）结构特征。

皮面，侧边松紧带，靴筒前后装有环形拉带。无鞋舌，无鞋带。通常装有金属内包头，无衬里。

（3）风格类别：防护。

（4）正式度：0。

（5）常用材料：鞋面由防烫、防油、防酸碱皮革或人造材料制成。

（6）适用人群：操作工人。

（7）穿着场合：工作环境。

7.6.20 徒步靴

徒步靴（hiking boot）的款式见图 7-106。

图 7-105　　　　　图 7-106

（1）背景文化。

该款式是为了避免在户外徒步时常常出现的足踝伤害而设计的。它是人们在户外徒步时最为重要的装备。

（2）结构特征。

其为绑带过踝的短靴款式，鞋面通常由整块厚重的防水皮革制成，以铆合吊环和鞋带钩为鞋带穿插的主要部件。

（3）风格类别：运动、防护。

（4）正式度：0。

（5）常用材料：皮革。

（6）适用人群：户外运动人员。

（7）穿着场合：户外。

7.6.21　短马靴

短马靴（jodhpur boot）的款式见图7-107。

（1）背景文化。

该款式最早出现在20世纪20年代的印度，最早是当地马球手穿着，后来才在西方国家流行起来，并逐渐成为偏正装风格款式。

（2）结构特征：圆头、矮跟、用皮带和针扣束紧。

（3）风格类别：正装。

（4）正式度：4。

（5）常用材料：皮革。

（6）适用人群：成年男性。

（7）穿着场合：半正式场合。

7.6.22　军靴/作战靴

军靴/作战靴（combat boot）的款式见图7-108。

图7-107　　　　　　　　　　　　　图7-108

（1）背景文化。

该款式由作战或军事训练的士兵穿着，具备保护足踝、抓地防滑等功能。现代作战靴也融入了许多科技元素，以适应丛林、沙漠、高寒等不同环境和气候。古罗马时期就产生了专门的军靴。军靴在很多地方也成为一种时尚品类，受到哥特、朋克、颓废、重金属、光头等文化的推崇。也有很多人穿着军靴仅仅是因为其耐用，适合各种环境，可长时间穿着。

（2）结构特征：圆头、矮跟、绑带、橡胶底。

（3）风格类别：功能、时尚。

（4）正式度：0。

（5）常用材料：硬质防水皮革。

（6）适用人群：军人或前卫人群。

（7）穿着场合：多种场合。

7.6.23 甲板靴

甲板靴（deck boot）的款式见图7-109。

（1）背景文化。

同本章7.3.13"船鞋"，此处不再赘述。

（2）结构特征：男式围盖绑带结构，过踝短靴。

（3）风格类别：休闲、时尚。

（4）正式度：2。

（5）常用材料：皮革、帆布，无痕橡胶底。

（6）适用人群：男士为主。

（7）穿着场合：户外休闲、娱乐。

图7-109

7.6.24 丛林靴

丛林靴（jungle boot）的款式见图7-110。

图7-110

（1）背景文化。

丛林靴是军靴的一种，是为丛林作战或在潮湿炎热丛林环境中作战而设计的一种款式。它具备普通作战靴所不具备的功能及舒适性特征。

（2）结构特征：靴面上一般设计有小孔，在靴面使用帆布等材料以达到透气和排湿的效果。

（3）风格类别：功能。

（4）正式度：0。

（5）常用材料：皮革、帆布等透气材料。

（6）适用人群：士兵。

（7）穿着场合：丛林作战。

7.6.25 机车靴

机车靴（harness boot）的款式见图7-111。

（1）背景文化。

机车靴一般由厚重且粗犷的皮料制成，多以黑色和棕色为主。该款式为典型的美式风格。从20世纪50年代开始流行，是许多好莱坞演员的爱物。

（2）结构特征：皮条和金属环。

（3）风格类别：街头时尚。

（4）正式度：0。

（5）常用材料：黑色和棕色皮革、皮条、金属环。

（6）适用人群：机车手。

（7）穿着场合：机车驾驶。

7.6.26　佩克斯靴

佩克斯靴（pecos boot）的款式见图 7-112。

（1）背景文化。

代表品牌：Red Wing。在 20 世纪 30 年代，Red Wing 品牌根据当时美国西南部的牛仔、农场工人、石油工人所穿着的一脚蹬靴而设计开发了一种一脚蹬款式，命名为佩克斯靴。该款式后来成为 Red Wing 品牌最为流行的款式之一。

（2）结构特征：一脚蹬、靴筒侧合缝、靴筒内外侧有耳。

（3）风格类别：时尚。

（4）正式度：1。

（5）常用材料：皮革。

（6）适用人群：多种人群。

（7）穿着场合：秋冬户外。

7.6.27　摩托车靴

摩托车靴（biker boot）的款式见图 7-113。

（1）结构特征。

摩托车靴通常由厚重的皮革制成，且有多条带、多金属配件装饰，一方面是为了保护车手足腿部安全，另一方面也可体现粗犷不羁的风格。

（2）风格类别：街头、前卫、时尚。

图 7-111　　　　　　　　　图 7-112　　　　　　　　　图 7-113

（3）正式度：0。

（4）常用材料：皮革、皮条、铆钉。

（5）适用人群：前卫人群。

（6）穿着场合：街头。

7.6.28　樵夫靴

樵夫靴（logger boot/caulk boot）的款式见图7-114。

（1）结构特征。

樵夫靴是一款典型的樵夫和伐木工人穿着的工作靴。使用结实的皮革和防滑鞋底制作，材料厚实、绑带、鞋底防滑，适合长时间穿着。

（2）风格类别：功能。

（3）正式度：0。

（4）常用材料：结实厚重的皮革、防滑鞋底。

（5）适用人群：伐木工人。

（6）穿着场合：伐木作业。

7.6.29　伞兵靴

伞兵靴（paratrooper boot）的款式见图7-115。

（1）背景文化。

伞兵靴是在第二次世界大战期间，根据使用功能所需，由作战靴演变而来。该款式的一般特征为绑带和硬质包头，为了在伞兵落地时对其足踝和脚趾提供保护。

（2）结构特征：硬质包头绑带半靴，靴头为独立结构，一般由光滑的黑色皮革制作。

图7-114　　　　　　　　　　图7-115

（3）风格类别：功能。

（4）正式度：0。

（5）常用材料：皮革。

（6）适用人群：伞兵。

（7）穿着场合：空降。

7.6.30　UGG靴

UGG 靴（UGG boot）的款式见图 7-116。

（1）背景文化。

1979 年，冲浪运动员 Brian Smith 将澳大利亚制的羊皮靴子带到美国，开始在纽约出售，后来他建立了 UGG Holding 公司，注册了 UGG 商标，但是由于经营不善，1995 年，Brian Smith 将股份卖给德克斯户外用品有限公司运营，该公司将该款鞋推广给好莱坞演员穿着，该款鞋因名人效应而在美国走红，进而在多个国家获得认可。后来该款式销量暴涨。

（2）结构特征：平底、肥大。

（3）风格类别：时尚、休闲。

（4）正式度：0。

（5）常用材料：皮毛一体的羊皮。

（6）适用人群：多种人群。

（7）穿着场合：冬季户外。

7.6.31　工装靴

工装靴（engineer boot）的款式见图 7-117。

图 7-116　　　　　　　　　　图 7-117

（1）背景文化。

工装靴为美式传统皮靴，风格粗犷，在机车爱好者中十分流行。其出现于20世纪30年代，出现之初由蒸汽机车司炉工穿着。第二次世界大战后随着机车文化的兴起开始流行起来。在20世纪50年代成为叛逆青年的代表符号。

（2）结构特征：无绑带，筒口三角口和皮带针扣束紧，足弯处有另一组皮带扣。

（3）风格类别：时尚。

（4）正式度：1。

（5）常用材料：坚硬厚实的黑棕色全粒面牛皮。

（6）适用人群：多种人群。

（7）穿着场合：秋冬街头或日常。

7.6.32 防水胶靴/威灵顿靴

防水胶靴/威灵顿靴（galoshe/Wellington boot）的款式见图7-118。

图7-118

（1）背景文化。

威灵顿靴原本为皮制靴，由威灵顿公爵穿着并推广流行开来。在19世纪初期该款式成为英国贵族和中上层阶级的主要实用靴。后来这个名字成为防水胶靴的专有称谓。

（2）结构特征：一体成型。

（3）风格类别：功能。

（4）正式度：0。

（5）常用材料：塑胶。

（6）适用人群：多种人群。

（7）穿着场合：雨天或潮湿环境。

7.6.33 旅行靴

旅行靴（touring boot）的款式见图7-119。

图7-119

（1）结构特征：以魔术贴、搭扣作为开合紧缚方式的高靴。靴前后多由皮革材料制成，靴侧部位多为纺织材料。

（2）风格类别：功能。

（3）正式度：0。

（4）常用材料：皮革、纺织材料。

（5）适用人群：机车手或滑雪者。

（6）穿着场合：驾驶机车或滑雪时穿着。

7.6.34 负重靴

负重靴（rigger boot）的款式见图7-120。

图 7-120

（1）背景文化。

负重靴是英国的一种一脚蹬款式的工作靴。该款式最初由英国北海地区码头原油装卸搬运工穿着，所以将其命名为负重靴。现在很多体力劳动者都将其作为一种工作靴穿着。

（2）结构特征：一脚蹬、靴筒侧耳、防滑平底。

（3）风格类别：功能。

（4）正式度：0。

（5）常用材料：皮革。

（6）适用人群：体力劳动者。

（7）穿着场合：体力劳动作业。

7.6.35 坦克靴

坦克靴（tanker boot）的款式见图 7-121。

图 7-121

（1）背景文化。

坦克靴是军靴的一种，是坦克兵、装甲兵穿着的一种靴子。以皮条束腿，防止鞋带的松散。据说该款式产生于第一次世界大战期间，由美国坦克军的建立者乔治·巴顿发明。

（2）结构特征：皮条束腿、无绑带。

（3）风格类别：功能。

（4）正式度：0。

（5）常用材料：皮革。

（6）适用人群：坦克装甲兵及款式爱好者。

（7）穿着场合：军旅及日常户外。

7.6.36 绗缝靴

绗缝靴（quilted boot）的款式见图 7-122。

图 7-122

（1）结构特征：使用绗缝工艺在靴筒上制作出各种花纹、装饰图案。

（2）风格类别：时尚。

（3）正式度：1。

（4）常用材料：皮革、棉衬。

（5）适用人群：女性。

（6）穿着场合：秋冬户外。

7.6.37 海豹皮靴

海豹皮靴（mukluk）的款式见图 7–123。

图 7–123

（1）背景文化。

该款式是生活在北极地区的尤皮克人用海豹皮、驯鹿皮制作的轻质软靴，其英文名 mukluk 源自尤皮克人语言发音。狩猎时穿着，走路不会发出声响。

（2）结构特征：软底、软面、保暖。

（3）风格类别：民族。

（4）正式度：0。

（5）常用材料：毛皮。

（6）适用人群：高寒区域人群。

（7）穿着场合：高寒季节和地区。

7.6.38 雪地靴

雪地靴（snow boot）的款式见图 7–124。

（1）背景文化。

雪地靴是为了在寒冷冬季穿着而产生的。常见的雪地靴由隔热保温材料制作而成，使用抓地力强的防滑鞋底。

（2）结构特征：厚实保暖，防滑鞋底。

（3）风格类别：功能。

图 7–124

（4）正式度：0。

（5）常用材料：保温材料。

（6）适用人群：多种人群。

（7）穿着场合：寒冬户外。

7.6.39 毡靴

毡靴（valenki）的款式见图 7–125。

图 7–125

（1）背景文化。

该款式源于俄罗斯，是俄罗斯的典型传统服饰。

（2）结构特征：整体无接缝，选取柔软、干燥的羊毛制作的高筒保暖毡靴。

（3）风格类别：民族。

（4）正式度：0。

（5）常用材料：羊毛毡。

（6）适用人群：多种人群。

（7）穿着场合：寒冷地区。

7.6.40　印第安靴

印第安靴（Indian boot）的款式见图 7-126。

图 7-126

（1）背景文化。

该款式源于美洲印第安人的典型服饰，款式风格极具民族特色。

（2）结构特征：流苏、围盖结构。

（3）风格类别：民族。

（4）正式度：0。

（5）常用材料：麂皮绒皮。

（6）适用人群：多种人群。

（7）穿着场合：多种场合。

7.6.41　何塞恩靴

何塞恩靴（Hessian boot）的款式见图 7-127。

图 7-127

（1）背景文化。

该款式为 19 世纪开始流行的一款轻质靴。最初是由 18 世纪的德国骑兵穿着，19 世纪（英国摄政时期）开始在英国逐步流行起来。

（2）结构特征：靴筒前挂金属流苏，靴筒收腿，弧形靴筒口，矮跟，鞋头略尖。

（3）风格类别：军装。

（4）正式度：2。

（5）常用材料：皮革。

（6）适用人群：骑兵。

（7）穿着场合：多种场合。

7.6.42　哥萨克靴

哥萨克靴（Cossack boot）的款式见图 7-128。

图 7-128

图 7-129

（1）背景文化。

哥萨克人是一群生活在东欧大草原（乌克兰、俄罗斯南部）的游牧社群，是俄罗斯和乌克兰民族内部具有独特历史和文化的一个地方性集团。在历史上以骁勇善战和精湛的骑术著称，并且是支撑俄罗斯帝国于 17 世纪向东方和南方扩张的主要力量。哥萨克靴就是由哥萨克人的民族服饰发展而来的。

（2）结构特征：岐头、厚底、高筒。

（3）风格类别：民族。

（4）正式度：0。

（5）常用材料：皮革。

（6）适用人群：哥萨克人。

（7）穿着场合：多种场合。

7.6.43　牛仔靴/西部靴

牛仔靴（cowboy boot）的款式见图 7-129。

（1）背景文化。

牛仔靴的出现受到 16 世纪西班牙牧民装束的深刻影响，同时该款式也受到骑兵军靴的影响。牛仔靴在美国有深厚的群众基础，很多政要、明星都会穿着，许多作坊从 19 世纪就开始制作牛仔靴。

（2）结构特征：圆尖头、古巴跟、高靴筒、无绑带，靴筒前部呈 V 形，靴筒两侧有耳，靴筒及靴面多有刺绣图案。

（3）风格类别：民族。

（4）正式度：0。

（5）常用材料：牛皮等。

（6）适用人群：牛仔。

（7）穿着场合：牧场等。

7.6.44　骑马靴

骑马靴（jockey boot/riding boot）的款式见图 7-130。

图7-130

（1）背景文化。

该款式专门用于骑马活动。靴筒普遍较长，用于防止马鞍摩擦和挤压骑手的腿部。靴头结实、坚固，可起到保护作用，防止马蹄踩踏。靴底普遍光滑或仅有少量花纹，防止下马时被马镫绊住。靴面一般由光滑、硬挺的皮料制成，以减小骑行过程中与马及马鞍的摩擦力。

（2）结构特征：靴筒光滑、硬挺，且根据马上骑行姿势，靴筒呈现略向前的弧形。

（3）风格类别：功能。

（4）正式度：0。

（5）常用材料：牛皮。

（6）适用人群：骑手。

（7）穿着场合：骑马。

7.6.45　垂皱靴

垂皱靴（slouch boot）的款式见图7-131。

（1）结构特征：该款式舒适，风格轻松、随意，靴筒自然褶皱是其主要特征，有高、中、低跟等不同跟高类型。主要为中高靴筒款式。

（2）风格类别：休闲、时尚。

（3）正式度：1。

（4）常用材料：皮革。

（5）适用人群：女性。

（6）穿着场合：秋冬户外。

7.6.46　针织筒口靴

针织筒口靴（knit top boot）的款式见图7-132。

（1）结构特征：靴筒口使用毛线针织材料。

（2）风格类别：时尚。

（3）正式度：1。

（4）常用材料：皮革、毛线、针织材料。

（5）适用人群：女性。

（6）穿着场合：秋冬户外。

7.6.47　过膝高靴

过膝高靴（knee high boot）的款式见图7-133。

（1）背景文化。

从很多历史资料中可以看出，过膝高靴早期为男性靴款。在早期军队重骑兵装备中也曾出现。但时至今日，随着服饰文化的不断发展，该款式已经成为时尚、前卫女性的专属。

（2）结构特征：过膝超高靴筒，以高跟为主。

（3）风格类别：时尚、前卫。

（4）正式度：1。

（5）常用材料：皮革、人造革。

（6）适用人群：前卫人群。

（7）穿着场合：秋冬户外、时尚活动。

图7-131

图7-132　　　　　图7-133

8 经典的品牌及设计师作品

要成为优秀的设计师，必须关注行业动态，而在行业动态中最为重要的关注点是行业品牌及设计师动态。对成功品牌及设计师专业发展历程进行关注，有助于获取其成功经验；对品牌及设计师动态保持关注，有助于时刻与产业前沿保持同步；对各个季度、年度知名品牌和设计师作品做到心中有数，才能发现和总结流行趋势，才能了解流行趋势的"新旧"，才能在既有条件上做到设计上的创新，正所谓"温故而知新"。

8.1

专业鞋类品牌及经典设计

所谓专业鞋类品牌，是指以鞋类为其主要产品或以鞋类产品起家并闻名的品牌。

8.1.1 Salvatore Ferragamo（萨尔瓦多·菲拉格慕）

品牌名称：Salvatore Ferragamo。

创始人：萨尔瓦多·菲拉格慕。

成立时间：1927年。

品牌特色：华贵典雅，实用性与款式设计并重，以传统手工制作与款式新颖誉满全球。

品牌故事：萨尔瓦多·菲拉格慕于1898年出生在意大利南部那波里（Naples）。由于家庭贫困，菲拉格慕很小就开始当造鞋学徒帮忙添补家用。13岁时，他已拥有自己的店铺，制造出第一双量身定做的女装皮鞋，迈出了缔造他的时尚王国的第一步。

14岁那年，菲拉格慕来到美国波士顿和他的兄弟姐妹们一起开了一家补鞋店，继而又去了加利福尼亚州，在加利福尼亚州的圣巴巴拉开了一家店，接订单制作手工鞋。当时正值加利福尼亚州电影业急速发展，美国电影道具管理人在他那里定做了一些鞋子，令导演对他印象深刻，菲拉格慕从此和电影结下了不解之缘，被誉为著名电影演员的专用鞋匠。20世纪40年代后期及50年代，意大利时装迅速发展，菲拉格慕鞋厂的鞋生产量每天高达350双，多位影视名人，如葛丽泰·嘉宝、苏菲亚·罗兰、奥黛丽·赫本、伊娃·贝隆和玛莉莲·梦露等，都对菲拉格慕设计的鞋青睐有加。

1927年，菲拉格慕回到意大利，并于1928年在佛罗伦萨开设了首家专卖店，雇佣员工多达60人。

1936年，菲拉格慕之所以能设计出凹陷、漂亮的软木楔形底（图8-1），是因为当年铁片短缺，他不能继续将铁片加入鞋的拱位处。

图8-1

1960年，菲拉格慕与世长辞。1979年，菲拉格慕的长女菲尔玛·菲拉格慕（Fiamma Ferragamo）设计出一款经典的平底芭蕾舞鞋——Vara，这款鞋一经问世就受到世人追崇。Vara以优雅的圆头、平稳的方根和刻有Ferragamo品牌标识的罗缎蝴蝶结装饰为经典造型（图8-2），象征着女性对于优雅的完美幻想。如今菲拉格慕经典蝴蝶结的造型也被广泛应用于菲拉格慕女包、配饰和其他产品上。

图8-2

8.1.2　Roger Vivier（罗杰·维维尔）

品牌名称：Roger Vivier。

创始人：罗杰·维维尔。

成立时间：20世纪60年代。

品牌特色：以创新、前卫、现代著称，创造出经典的细高跟鞋、匕首跟高跟鞋和逗号跟高跟鞋。

品牌故事：Roger Vivier是设计师同名鞋履品牌，罗杰·维维尔被认为是20世纪最富有创新精神的鞋类设计师，他最著名的作品是20世纪40年代为克里斯汀·迪奥（Christian Dior）设计的逗号跟/匕首跟的高跟鞋和20世纪30—50年代的高台底/细高跟的高跟鞋。

维维尔于1907年出生在巴黎，他就读于巴黎高等美术学院，学习雕塑，后来维维尔因偶然的机会接触到鞋子设计与制作，这令他兴奋不已，于是他中途退学，进入一家制鞋工厂做学徒。

后来他搬到了美国，和女帽制造商苏珊娜·雷米一起在麦迪逊大街开了一家女帽店。这家店成了那些追求时尚、寻找最新风潮的人的集合点。1947年，维维尔回到了巴黎并与正在职业巅峰期的克里斯汀·迪奥展开了合作。维维尔在迪奥公司设计并制造了一部分鞋类作品并以维维尔的名字生产鞋，这让维维尔从定制手工转向了成品制作，并成为那个时代被模仿最多的鞋类制造者之一。

从1953年到1963年，维维尔与迪奥公司的合作持续了10年时间，1957年克里斯汀·迪奥去世之后，维维尔与继任迪奥设计师伊夫·圣洛朗继续合作，其间，维维尔为迪奥创造出方形鞋头、匕首跟和逗号跟，还首次在鞋品设计中使用了塑料材料。图8-3所示的鞋子是1961年罗杰·维维尔为克里斯汀·迪奥设计制作的晚宴鞋。图8-4所示的鞋子是维维尔设计的经典方扣方头鞋。

图8-3　　　　　　　　　　　　图8-4

一些时尚、有影响力和有声望的人成为维维尔设计的忠实粉丝。其中包括伊丽莎白二世（Queen Elizabeth Ⅱ）女王，1953年其在加冕典礼上穿的一双镶嵌红宝石的金色小山羊皮鞋，就是维维尔的作品。维维尔还在20世纪60年代中期设计推出了长及大腿的高跟靴。

维维尔设计的鞋子现陈列在纽约大都会博物馆、伦敦维多利亚和阿伯特博物馆，以及罗浮宫现代服饰博物馆。

1998年，一代鞋履大师罗杰·维维尔在法国去世，然而Roger Vivier这个熠熠生辉的高级鞋履品牌并未消失。2001年，布鲁诺·弗里索尼（Bruno Frisoni）加入Roger Vivier品牌做创意总监，并不断为这个品牌注入现代摩登元素，新一代的罗杰·维维尔鞋履不断出现在时尚杂志和国际时装周上。

8.1.3 Christian Louboutin（克里斯提·鲁布托）

品牌名称：Christian Louboutin。

创始人：克里斯提·鲁布托。

成立时间：1992年。

品牌特色：细高跟红底鞋，性感时尚，难以驾驭。

品牌故事：1963年，克里斯提·鲁布托出生于法国巴黎第十二区，年少时期的他较为叛逆，12岁时被多次退学，后经常在夜总会Le Palace玩乐，在那里他对舞台表演和舞女产生了极大的热情，并开始认识到什么是时尚。鲁布托对鞋子的迷恋始于他13岁时参观非洲和大洋洲艺术博物馆时看到的门口的一个标识——锥形高跟鞋被两行粗线划掉——禁止穿高跟鞋的女性进入以免损害雕花木地板。鲁布托从那个时刻开始想挑战门口的标识，去创造一些破坏规矩的东西，让女性对自己的存在感到自信和自豪。

鲁布托于1981年周游他国后回到法国巴黎，在朋友的引荐下，他先是在Follies Bergeres当学徒，后又在当时颇负盛名的品牌Charles Jourdan那里系统地学习制鞋技术，弥补了自己在工艺上的不足。鲁布托

凭借自身的天赋和创意很快就在行业中崭露头角。不过那时他还没有创立自己品牌的想法，也不愿意加入任何集团，而是以自由工作者的身份先后在Chanel、YSL做独立的制鞋匠。1988年，鲁布托被朋友说动，加入了Dior旗下专门生产鞋子的传奇公司——罗杰·维维尔。经过罗杰·维维尔的指点，他的制鞋技术又上了一个高度，很快就家喻户晓。羽翼渐丰的鲁布托终于在1992年开创了自己的品牌，他制作的高跟鞋色彩艳丽、充满异国情调，被媒体称为"独立于主流之外的极品"，一面世就大受关注。

令鲁布托名声大振的红底鞋的设计灵感，源于有一次他看到女助理往趾甲上涂指甲油，大红的色泽一下子刺激了他，他将正红色涂在了鞋底上，没想到，效果出奇好。至此，勾魂夺魄的这抹红色就成为Christian Louboutin的标志，让鲁布托大红大紫。在采访中他曾如此形容当时的冲动："红鞋底就像是给鞋子涂上的口红，让人不自觉想去亲吻，再加上露出的脚趾，更是性感无比。"图8-5所示的鞋子就是克里斯提·鲁布托的"Simple Pump"红底鞋。

图8-5

8.1.4 Jimmy Choo（周仰杰）

品牌名称：Jimmy Choo。

创始人：周仰杰。

成立时间：1996年。

品牌特色：创始人周仰杰是英国戴安娜王妃的御

用鞋履设计师，该品牌鞋履设计以"舒适、优雅、经典"为原则。

品牌故事：周仰杰是一名祖籍为广州梅县、出生于马来西亚的华裔鞋类设计师。周仰杰于1952年出生在一个制鞋世家，他在11岁时亲自制作了他的第一双鞋。1982—1984年，周仰杰在英国伦敦的Cordwainers制鞋学院（现为伦敦时装学院）学习。1986年周仰杰的父母搬到伦敦帮助他开了自己的鞋店，他精湛的制鞋工艺和设计很快就得到了关注。在1988年的伦敦时装周上，*Vogue*杂志用8个内页介绍他和他的作品，自此Jimmy Choo的鞋子品牌名声在英国大振，伦敦的淑女和贵妇开始光顾周仰杰的作坊。让他享誉世界的是已故戴安娜王妃，从1991年起他成为戴安娜的御用鞋匠，"王妃效应"让这个品牌一炮而红。直到戴安娜王妃去世的整整7年，他为王妃设计并制作了100多双鞋。媒体评论戴安娜王妃的每一个经典造型，少不了"Jimmy Choo"这个名字。

1996年，周仰杰与英国*Vogue*杂志服饰品编辑Tamara Mellon共同创办了Jimmy Choo品牌。凭借优秀的设计、出众的工艺，以及巧妙的营销策略，Jimmy Choo只用了10余年就取得了令人瞩目的成绩，成为一线奢侈品牌，堪称奇迹。2001年4月，周仰杰以1000万英镑的价格出售了公司50％的股份。此后，他将自己的工作集中在Jimmy Choo鞋履的高级定制上。目前周仰杰居住在伦敦，并在马来西亚设立制鞋学院，培养当地的鞋类设计师和时装设计师。

Jimmy Choo的鞋子以"舒适、优雅、经典"为原则，最擅长制作约13cm高的高跟鞋（图8-6），因为这一高度的高跟鞋能够使女性的优美体态得到最完美的展现。周仰杰在为客人制鞋的时候常以舒适的设计贴合双脚的曲线，令客人行走更加方便，因此Jimmy Choo都是以手工为顾客制鞋的。而优雅与经典便是鞋子的生命力，可让鞋子在数年后依然能够符合当年的潮流审美。

图8-6

2002年，周仰杰被授予OBE（大英帝国勋章，相当于爵士），以表彰他对英国鞋业和时装业的贡献。2004年，周仰杰获得英国莱斯特德蒙福特大学艺术荣誉博士学位，以肯定其对独特的单一荣誉鞋类设计学位的贡献。2009年，周仰杰获得伦敦艺术大学颁发的荣誉奖学金。

8.1.5　Tod's（托德斯）

品牌名称：Tod's。

创始人：迪雅哥·迪拉·维利。

成立时间：1970年。

品牌特色：鞋履优雅舒适，以"豆豆鞋"闻名于世。

品牌故事：Tod's是意大利著名的皮具品牌。Tod's开始只是一家小型的家庭式制鞋厂，为意大利的一些品牌做加工贴牌，后来在继承人迪雅哥·迪拉·维利的经营下成功上市。迪雅哥·迪拉·维利在游历纽约时，看到了一双moccasin款式的鞋子很喜欢，这双鞋就是"豆豆鞋"的鼻祖。迪雅哥·迪拉·维利把这个款式的鞋子带回去，然后改良设计，改良后的鞋子成为Tod's的主打款式，并被命名为"Gommino"。

在品牌宣传上，迪雅哥·迪拉·维利送了一双豆豆鞋给Giovanni Agnelli，没想到Giovanni很喜欢，还经常穿着这双鞋上电视，后来这款鞋成为大家争相购买的款式。到了20世纪八九十年代，Tod's基本就是豆豆鞋的代名词，包括戴安娜王妃、摩纳哥公主卡洛琳在内的一些名人都会穿这个款式的鞋，使得 Tod's 更加声名显赫。

Tod's 的 Gommino 豆豆鞋，由鞋底的 133 个橡胶颗粒而得名。1986 年，Tod's 与法拉利合作推出第一代平底鞋，133 个橡胶粒主要是为了让开车的人穿了该款平底鞋之后踩踏板不会打滑，没想到具有代表性的橡胶粒大受欢迎，成为 Tod's 品牌的代表。每一双豆豆鞋都需要 100 多道工序，每块皮料都需要单独裁剪，鞋底的 133 个橡胶颗粒是把两层皮子（一层是外面整张皮子的鞋面，另一层是有"豆豆"的鞋里）重合，再用手一点一点把"豆豆"推出来。鞋底"豆豆"的排列也是根据人体力学设计的，磨损度大的地方如脚后跟用"大豆豆"，不易磨损的地方用"小豆豆"（图 8-7）。

图 8-7

经过多年的飞速发展，如今的 Tod's 已经成为国际一线奢侈品品牌，旗下拥有 Tod's、运动品牌 Hogan、成衣品牌 Fay 和奢侈鞋品牌 Roger Vivier。

8.1.6 Sergio Rossi（塞乔·罗西）

品牌名称：Sergio Rossi。

创始人：塞乔·罗西。

成立时间：2005 年。

品牌特色：意大利风格女鞋，奢华，优雅，颜色搭配绚丽，创意元素多元化。

品牌故事：Sergio Rossi 是一家意大利女鞋公司，也生产箱包手袋和其他配饰。该品牌以精湛工艺和女性化设计而闻名。

塞乔·罗西于 1935 年出生于意大利圣毛罗帕斯科利（San Mauro Pascoli）镇，他的父亲是一位手工制鞋匠，罗西从小就跟着父亲学习制作鞋子，对手工制鞋的工艺相当了解。罗西 14 岁时，他的父亲去世，小小的罗西开始接管家里的制鞋店并扩展业务。20 世纪 50 年代，罗西在空闲之余去意大利著名的 Finis 制鞋工厂参观学习，Finis 制鞋工厂是当时制鞋界的佼佼者，不论是在制作技术还是设计创作上皆有杰出表现，并拥有科学化的生产管理、企业化的行销策略，具备成熟的皮料辨识技巧、各种领先的经验，罗西在那里深入了解了制鞋的 4 个重要环节——剪裁、缝纫、结合、修饰，并为日后 Sergio Rossi 品牌的发展奠定了深厚的专业基础。

1966 年罗西建立了属于自己的制鞋工厂，并设计制作出名叫"Opanca"的沙滩款凉鞋，深受当地人喜欢。20 世纪 70 年代罗西认识了日后对他产生重要影响的人——詹尼·范思哲（Gianni Versace）。在范思哲的提议下，罗西开始与他合作，为范思哲时装秀提供专属鞋履，罗西在米兰的时尚圈大放光芒，知名度迅速提升，一线大牌如 Dolce&Gabbana 和 Azzadine Alaia 等纷纷与罗西合作，罗西的时尚版图得以迅速扩张。20 世纪 80 年代，Sergio Rossi 推出男鞋和箱包手袋系列，品牌开始扩张，罗西以 Sergio Rossi 的名字开了第一家精品店，之后陆续在全球各大一线城市开设精品店。为了能使更多人接触到 Sergio Rossi 品牌，扩大海外市场，罗西经过严谨的考量评估后，在 1999 年决定出售公司 70% 的股份给时尚圈内超重量级的 Gucci 集团，而罗西本人至今仍然担任创意总监一职，主导品牌的风格走向。图 8-8 所示为塞乔·罗西设计的凉鞋。

图 8-8

8.1.7 Manolo Blahnik（曼诺罗·布拉尼克）

品牌名称：Manolo Blahnik。

创始人：曼诺罗·布拉尼克。

成立时间：1972 年。

品牌特色：Manolo Blahnik 的鞋子是高跟鞋中的"贵族"，完全阐释了女性的轻盈和优雅，所以曼诺罗·布拉尼克又被称为"细高跟之父"。

品牌故事：Manolo Blahnik（曼诺罗·布拉尼克）是西班牙时装设计师和同名高端鞋品牌的创始人，他于 1942 年出生在西班牙的加纳利群岛，从小在香蕉种植园与妹妹一起长大。大学的时候布拉尼克的父母希望他成为一名外交官，为他选择了日内瓦大学的政治与法律专业，然而他后来将自己的专业改为文学和建筑。1965 年布拉尼克搬到巴黎，在卢浮宫艺术学院学习舞台设计，同时也在一家服装店做买手。1969 年布拉尼克在纽约旅行时认识了美国版 *Vogue* 的主编戴安娜·弗里兰（Diana Vreeland），戴安娜看了他的设计手绘图后鼓励并建议他专注于鞋子设计，之后布拉尼克在伦敦为时装周的 T 台秀创作鞋履，也与一些独立设计师合作。1971 年，布拉尼克贷款 2000 英镑购买了 Zapata Shoe Company 并开设了自己的精品店。

相比意大利著名的鞋履设计师，布拉尼克从未正式学习过制鞋，他在开始设计男鞋的时候发现男鞋的款式缺乏时尚元素，限制了他的想象力，继而将设计重心转向时尚女鞋设计。因有儿时与母亲购买服装的经历，他由衷喜欢锦缎和丝绸面料，设计出来的鞋子多数是由丝绸面料和精美的搭扣制作而成。

Manolo Blahnik 的鞋款完美演绎了女性的轻盈和优雅，不仅好看百搭而且穿着很舒服，让无数女性着迷，很多女明星参加奥斯卡颁奖典礼时都会选择 Manolo Blahnik 的鞋子，所以有人又称 Manolo Blahnik 是奥斯卡颁奖礼的"唯一指定用鞋"。Manolo Blahnik 的经典系列如"BB"款、"Campari"款和"Hangisi"款等深受女性追捧，Manolo Blahnik 品牌成功的背后呈现出布拉尼克独特的审美哲学和高级的时尚品位。

目前布拉尼克居住在英国巴斯，并于 2012 年 7 月获得巴斯温泉大学的荣誉学位。

图 8-9 所示的鞋子为 Manolo Blahnik 的"Hangisi"鞋款，这款鞋最具标志性的特征是鞋头的方形水钻装饰扣，采用施华洛世奇的相关产品制作鞋面水钻装饰。鞋帮材料一般采用奢华的丝绸面料或丝绒面料。

图 8-9

8.1.8 Dr. Martens（马丁靴）

品牌名称：Dr. Martens。

创始人：克罗斯·马丁。

成立时间：1960 年。

品牌特色：流行时尚短靴，年轻人的潮流短靴必备款——八孔系带牛筋底短靴。

品牌故事：Dr. Martens 是一家鞋类和服饰公司，总部位于英国的沃拉斯顿。马丁靴除了被叫作 Dr. Martens 以外，还被叫作 Doc Martens，DMs 或 Docs。

第二次世界大战期间，克罗斯·马丁博士是德国军队中的一名医生，他在巴伐利亚阿尔卑斯山滑雪时脚踝受伤，标准军靴穿在受伤的脚上使他感到很不舒服。在恢复期间，他亲自改良了靴子，用柔软的皮革和由轮胎制成的气垫鞋底（air-cushioned soles）制作靴子。

1947 年，马丁博士在慕尼黑与他的朋友赫伯特·冯克博士又重新设计了鞋底，并开始在德国的小镇上售卖，舒适的鞋底很受家庭主妇的喜欢。但相对而言，那个时候的马丁靴还是在小范围内售卖，主要还是在矫形鞋市场。为了使马丁靴更加市场化，这两位博士于 20 世纪 50 年代在慕尼黑开设了一家制鞋工厂。

1959 年，马丁博士与英国鞋业制造商格瑞格斯公司合作，在英国北安普顿制作马丁靴。格瑞格斯公司为马丁靴重新起了具有英国味的名字，即 "Dr. Martens"，并将鞋身与鞋底完美结合，在鞋底与鞋身结合处增加具有标识性的黄色缝合线，还将鞋底注册为 AirWair。1960 年 4 月 1 日，第一双 Dr. Martens 靴在英国制作出来，它采用樱桃红的皮料，鞋面处用 8 孔鞋眼系带。这款鞋子编号为 1460 型，至今仍在生产销售。

第二次世界大战结束后，英国国民兵役制取消，军用靴的需求量锐减，但是在 20 世纪 60 年代，马丁靴由于"光头党"开始穿着它而流行起来，20 世纪 80 年代后马丁靴因很受新浪潮摇滚乐手喜欢而更为流行，成为年轻人街头文化和朋克摇滚的象征。格瑞格斯公司后期又对原始马丁靴进行了改造和包装，以满足年轻人叛逆性、进取精神和追求时尚的消费需求。

现在，Dr. Martens 品牌已经遍布全球 70 多个国家，每年生产、销售约 1100 万双鞋子，除了经典靴型以外，还开发了凉鞋款、镂花款、懒汉鞋和各种童鞋。Dr. Martens 鞋的鞋底基本上都是由牛筋底制作而成，既耐磨又防水，但有些沉重。

马丁靴按靴筒长度分为三类：短筒靴、中筒靴、长筒靴，与靴筒长度相配的鞋眼有 8 孔、14 孔、20 孔。八孔黄线马丁靴见图 8-10。

图 8-10

8.1.9 John Lobb（约翰·罗布）

品牌名称：John Lobb。

创始人：约翰·罗布。

成立时间：1849 年。

品牌特色：顶级男士鞋履，被称为"手工定制鞋之王"，低调奢华。

品牌故事：John Lobb 是一个来自英国的顶级男士鞋履品牌，品牌创办人 John Lobb 出生于 1829 年英国的康沃尔（Cornwall），John 在 20 出头的年纪没能在伦敦找到一份合适的工作，当时澳大利亚的淘金热吸引了他，于是年轻的 John 只身来到遥远的南半球，为当地的矿工设计与制作工靴。他的第一家店开在澳大利亚，名字为"Master Bootmaker"，在当地很受欢迎。

1849 年 John 返回伦敦，在摄政街开了以他自己名字"John Lobb"命名的第一家男士鞋履店，并为欧洲皇室贵族提供定制款男鞋。John 的儿子传承了他的制鞋手艺并在巴黎开设了分店，1976 年 John Lobb 在巴黎的店铺（Lobb Pairs）被爱马仕集团收购，并在全球售卖 John Lobb 的成品鞋（ready-to-wear 系列），与 Lobb 的定制鞋系列分为两个不同的品牌，伦敦的 John Lobb 公司依然掌握在 Lobb 家族的手中。

被爱马仕集团收购的 Lobb Paris 既继承了伦敦老店的制鞋工艺，也没有抛弃之前积累的经典鞋款，同时随着爱马仕在全球扩张，John Lobb 的店铺也开到了美国、日本、中国等国家。2014 年爱马仕集团任命 Paula Gerbase 为 John Lobb 的首位艺术总监。推出女鞋产品是 John Lobb 最大胆的举动，John Lobb 女鞋的设计与制作尤其突出中性气质和实用性，打破了以往女鞋给人的印象。顶级的 John Lobb 常被人称为"皮鞋界的 Chanel"。

8.1.10 Church's

品牌名称：Church's。

创始人：Thomas Church。

成立时间：1873 年。

品牌特色：经典英伦特色鞋品，固特异制鞋方式，是英国老牌鞋履中商业化最好的品牌。

品牌故事：Church's 是一个来自英国的顶级鞋履品牌。1873 年 Thomas Church 及他的 3 个儿子（Alfred、William 及 Thomas Jr.）在英国北安普顿创立了 Chuich's，Church's 承袭了家族多年的制鞋经验，以超高的技术制作手工男鞋。仅仅几年的时间，Church's 家庭式工作坊的生产销售能力呈倍数增加，甚至在欧洲其他地区都有良好的销售量。19 世纪初 Church's 的男鞋开始广受贵族和皇室钟爱，1921 年 Church's 在伦敦开了第一家精品旗舰店，产品也开始销往欧洲以外的新市场。1965 年英国女皇伊丽莎白二世访问北安普顿鞋履制作发展地区，并亲自到访 Church's 的工厂，同年 Church's 获得 Queen's Award 出口大奖，成为国际一流的男鞋品牌。1999 年全球奢侈品牌 Prada Group 开始掌管 Church's 的男鞋业务，在不断扩充企业品牌的同时也秉承了英国的传统制鞋特色。

Church's 的手工鞋采用的是传统的英式固特异制作方式，在缝合鞋底时内沿条和外沿条采用双重车缝的方式，将帮面与鞋底牢固缝合成一体，能承受撞击和扭折。在鞋内底和外底之间形成一个空腔，可以与潮气隔离，又铺设了一层软木，从而保证皮鞋的透气性。除了保证良好的排汗功能外，增加的软木在鞋底也会形成自然的脚印，在顾客穿着的最初 15 天左右，随着脚部的用力，鞋底会重新塑形，变成一副与脚形相符的"个人鞋底"，可在顾客行走时达到贴合、舒适的效果。一双 Church's 的手工鞋需要 300 多道工序反复打磨。

Church's 是英国人引以为傲的国宝级顶尖高端手工鞋履品牌。Church's 在"王牌特工"和"007"系列影片中都有出现，也是英国绅士穿着的精髓体现。

Church's 的雕花牛津鞋（图 8-11）又被称为"Burwood"，这款鞋子诞生于 1970 年。鞋面有精致的手工冲孔雕花，鞋底采用固特异缝制方式，以便长期穿着鞋底磨损后可以换鞋底。

Church's 的雕花牛津鞋制作需要至少 8 周的时

间和 250 多道复杂的手工工艺，虽然时代潮流在不断变化，但这款经典的英伦鞋子依旧是经得起考验的顶级手工鞋。

图 8-11

8.1.11　Berluti（伯鲁提）

品牌名称：Berluti。

创始人：Alessandro Berluti。

成立时间：1985 年。

品牌特色：该品牌鞋子价格昂贵，并以精湛的手工制鞋和手工染色著称。

品牌故事：Berluti 是一个法国男士奢侈品品牌，现在归属路威酩轩（LVMH）集团。创始人 Alessandro Berluti 是意大利人，出生在意大利的塞尼加利亚，1895 年来到巴黎开了一间男鞋定制店。当时的法国贵族对服饰极为挑剔，然而 Alessandro Berluti 制作的手工鞋子却是他们的必备品，有一款三孔的优雅绅士款鞋型就是以"Alessandro"命名的。Berluti 的鞋子有一种专门的鞋带系法，名为"Berluti 结"或者"温莎公爵结"，这是 Berluti 以前的客人温莎公爵发明的一种鞋带系法。这种系带方式比普通系带法复杂，需要两只手一起解才能解开，但用这种方式系鞋带的人绝对不会在公众场合因鞋带散开而尴尬。

后来，Alessandro Berluti 的儿子 Torello、孙子 Talbinio 以及表亲 Olga 接过生意之后，一直延续了这种贵族精神和气质。20 世纪 60 年代，Olga 开始接手 Berluti 的手工制鞋帝国，为了让鞋子穿起来更舒服，Olga 甚至还跟外科医生学过 10 年的足部知识，学习各种因鞋子不舒服而造成的足部畸形案例，就是为了做出最合理的鞋楦。后来 Olga 发明了一种皮鞋擦色法 Patina（古法染色），这种上色方式最终呈现出的鞋子颜色有别于当时所有的男鞋颜色，使 Berluti 的鞋子具有丰富的色彩。在为定制款进行第一次上色之前，Berluti 会建议顾客先将鞋子试穿几日待帮面出现顾客走路折痕之后，再令色彩工艺师上色，这样做出来的鞋子色调能够完全体现 Berluti 的精湛工艺，也能满足顾客的需求。Olga 说："我喜欢透明的东西，皮子如果总是深黑、灰黑、深棕太常规了，所以我就开始尝试着给皮子增加透明感。Patina 的过程就像人做面部护理，需要清洗、按摩、滋润等步骤，真的和做面部护理一样，我们希望保持皮革中细胞的鲜活，而不是一开始就用化学的东西处理染色，这样皮子就成了死的。"后来她研制出 Venezia 皮革，这种皮革由天然矿物鞣革制成，皮子表面的颜色带有独具特色的透明质感，这也是 Berluti 在制鞋领域独树一帜的设计。经过多年研制，在 2003 年 Olga 终于在皮革上完美地呈现了刺青技艺。仅有极小一部分专家可以熟练地在 Berluti 标志性的 Venezia 皮革上进行这一纯手工的技术操作。

Berluti 工坊可提供 4 个主题的刺青图案供顾客选择：传统昆虫和动物图案、星座及生肖、复古设计的老鹰图案、各种艺术字体，当然也可以根据顾客的需求单独定制以彰显顾客个性。

8.1.12　Nicholas Kirkwood（尼可拉斯·科克伍德）

品牌名称：Nicholas Kirkwood。

创始人：尼可拉斯·科克伍德。

成立时间：2005 年。

品牌特色：被誉为"鞋履界的米开朗琪罗"，以建筑结构化和材料创新而闻名。

品牌故事：尼可拉斯·科克伍德于 1980 年出生于德国蒙斯特，1998 年他就读于英国顶级艺术殿堂圣马丁，主修艺术基础课程。1999 年科克伍德在帽饰大

师菲利普·崔西工作室兼职，并为伊莎贝拉·布罗制作帽子。2001 年他考入伦敦时装学院学习鞋子制作，他设计并制作的第一款鞋子是紫色漆皮的浅口女鞋，鞋口处透明的系带围绕脚面向后延伸。一年后科克伍德辍学继续在菲利普·崔西工作室工作，崔西为科克伍德的时尚之路开辟了宽阔的道路，为他介绍知名设计师、时尚名人等。做帽子与做鞋的工艺与技法是完全不同的，但它们都属于人体服饰的装饰品，充满了功能性与装饰性。

2005 年科克伍德创建了以自己名字命名的鞋履品牌。在工艺方面，科克伍德所设计的鞋子均在意大利手工完成，将工艺技术与当代创意理念完美结合，不断挑战创意的极限，鞋子设计及制作的每个阶段和环节都有严格的质量把控，每一双鞋都是一件难得的艺术品。2012 年科克伍德与内衣品牌维多利亚的秘密合作，推出马戏团系列、粉色玩具系列、危险联系人系列、盛开天使系列等，极其天马行空的鞋履设计与全球顶级模特的完美演绎，一时间让科克伍德的名声大振。2013 年科克伍德成为第一位赢得英国时尚委员会和 *Vogue* 设计师时尚基金奖项的配饰设计师。同年 9 月，科克伍德正式宣布与时尚巨头 LVMH 集团展开合作，将品牌设计和创新价值分享给全世界，并将继续在全球范围内推广其品牌。

8.1.13　United Nude

品牌名称：United Nude。

创始人：Rem D Koolhaas、Galahad Clark。

成立时间：2003 年。

品牌特色：设计感与时尚感兼具，结合建筑力学与设计美学，开创了里程碑式的女鞋设计手法。

品牌故事：Rem D Koolhaas 是荷兰人，大学学习建筑设计，1999 年因为与女友分手设计了一款叫"Mobius"（莫比乌斯）的鞋子（图 8-12），他给很多人展示了这款鞋子的手绘稿，大家都被这种特殊的鞋子设计所震撼并期待他能够做出来。就此，Rem 开始了他的鞋子设计与制作生涯。2003 年，Rem 与

英国设计师 Galahad Clark 正式开创了 United Nude 鞋子品牌。Galahad Clark 是英国制鞋品牌 Clarks 第七代传承人，有丰富的鞋子设计和销售经验。他们一起将"Mobius"制作出来，在帮面设计和制作方面，向著名鞋子设计师塞乔·罗西咨询并学习。这款鞋跨界建筑设计、工业设计和时尚设计，采用汽车零件模具的长纤维制作尼龙钢化鞋跟，并由意大利制鞋师手工制作。这款"Mobius"鞋子一经问世便取得了巨大的成功，它打破了传统意义上鞋子的概念，柔和了多重设计元素，并得到众人青睐。

图 8-12

在传统女鞋中，鞋子作为配饰用来搭配服装，而 Rem 在设计鞋子时，在审美的基础上从鞋子的结构造型出发，与人体行走力学结合，积极采用新材料、新技术（图 8-13），不断创新。在 3D 打印流行之时，Rem 就在短时间内与 Zaha Hadid、Fernando Romero、Ben van Berkel、Ross Lovegrove、Michael Young 5 名顶级的设计师合作，颠覆了人们对传统女鞋的造型认识，制作出一双双游走于鞋履和建筑之间的艺术品。

图 8-13

Rem 的建筑设计师身份没有限制他的创作思维，反而帮助他在鞋品设计的行业中寻找到了独特的定位，并使其获得了极高的声誉。很多设计师纷纷与 United Nude 合作。United Nude 与著名设计师艾里斯·范·荷本联名设计经典鞋款"Fang Shoes"和"Thorn Shoes"等，与建筑鬼才扎哈·哈迪德联合设计出 3D 打印款"NOVA Shoes"，与三宅一生联名设计出"Rock Shoes"和"Wrap Shoes"等。

8.1.14　Cesare Paciotti（西萨尔·帕奇奥提）

品牌名称：Cesare Paciotti。

创始人：西萨尔·帕奇奥提。

成立时间：1948 年。

品牌特色：优雅、富有个性、高品质，产品有着意大利人的性感和热情，旗下 Paciotti 4US 则更加年轻化、时尚化。

品牌故事：创始人西萨尔·帕奇奥提于 1958 年出生在意大利的制鞋之乡 Civitanova Marche，他的父母从 1948 年开始经营一家高档男鞋手工制鞋坊，从小的耳濡目染和父母的悉心指导，使得帕奇奥提好像天生就对鞋子的艺术性特别敏锐。出于对艺术的热爱，帕奇奥提进入意大利最负盛名的博洛尼亚大学的 DAMS（discipline delle arti, della muscia e dello spettacolo, 即艺术、音乐和表演学科）学习，在那里他的艺术天赋得到进一步发掘，他对整个艺术领域的好奇心也被点燃。帕奇奥提完成大学学业后开始了他全球的艺术之旅，通过旅行，他了解了各个国家的文化风俗，他的事业视野也开阔了。回到意大利后，帕奇奥提开始参与家族的制鞋事业，并将多年的艺术学习通过鞋品表达出来。

1980 年帕奇奥提决定生产一套以"Cesare Paciotti"命名的产品，完美的意大利制鞋工艺加上他独特的创意和具有颠覆性的设计理念，使该系列成功诠释了品质与优雅。帕奇奥提的独特设计加上他姐姐 Paola Paciotti 善于经营，使得公司队伍不断壮大，公司与全球知名设计师开展合作，并与 Gianni Versace、Dolce & Gabbana、Romeo Gigli、Roberto Cavalli 等建立了良好的合作伙伴关系。

1990 年帕奇奥提将公司产品进一步扩展到女鞋领域，成熟优雅的女鞋（图 8-14）和追求高品质的现代风格成为 Cesare Paciotti 的灵魂。帕奇奥提说："当我绘制女鞋的时候，我只想到一件事，脚是女性最美丽的部分，高跟鞋不应具有挑战性，而是有益于女性身体的美学。"

图 8-14

为了完善品牌意义和满足穿着者的个性选择，Cesare Paciotti 的商标中有一个特别醒目的宝剑标志，象征着品牌的权利和地位。Cesare Paciotti 的鞋类产品不仅仅是简单的服装配饰，更是真正意义上的高级时装，散发着意大利鞋类的品质与精髓。2002 年为了适应市场需要和变化，Cesare Paciotti 推出了 Paciotti 4US 系列，该系列是更专注于年轻男女的时尚运动休闲皮具产品，之后又推出 Cesare Paciotti Jewels 系列，该系列包括珠宝、小皮件、太阳镜、皮带等时尚配饰。

8.1.15 Clarks（其乐）

品牌名称：Clarks。
创始人：Cryus Clark 和 James Clark 两兄弟。
成立时间：1825 年。
品牌特色：英伦风与现代流行的时尚相结合，经典的休闲皮鞋，全球销售量排名第一的非运动品牌。

品牌故事：Clarks 是一家英国制鞋品牌，它由 Cryus Clark 和 James Clark 两兄弟于 1825 年在英国西南部的萨默赛特郡创立。一开始他们用制造地毯剩余的羊皮边角料制作手工羊皮拖鞋，一经推出就倍受欢迎。经过 200 多年的历史洗礼，Clarks 已经成为全球销售量排名第一的非运动品牌，同时也是英国销售量排名第一的男女鞋品牌。Clarks 有很多款鞋子比较经典，例如学生鞋（school shoes），款式简单、穿脱方便、舒适且有助于身体骨骼发育，是英国青少年上学时穿的校鞋。Clarks 的沙漠鞋也非常出名，沙漠鞋是一款高度到脚踝的休闲款皮鞋，是由内森·克拉克（Nathan Clark）于 1950 年设计并正式推出的。内森·克拉克设计沙漠鞋的灵感源于 1944 年其在北非服兵役时发现的开罗当地居民穿着的鞋款，这款沙漠鞋也是世界上第一款真正意义上的休闲鞋。帮面通常选用绒面小牛皮（图 8-15），鞋底为牛筋底，沙漠鞋也有"Originals"和"Bushacre"两种款式。

图 8-15

袋鼠鞋（Wallabee，图 8-16）是 Clarks 品牌于 1967 年设计生产出来的，这款鞋的设计源于印第安便鞋。袋鼠鞋一般高及脚踝，鞋舌与鞋耳连成一体，形成封闭式结构，能够有效防止沙尘进入鞋内。鞋耳呈尖形，一般有 2～3 个鞋眼，比沙漠鞋更加休闲一些，且适穿于四季。袋鼠鞋秉承了 Clarks 的一贯高品质做工，帮面选取全麂皮，鞋底为生胶材质，防滑耐磨，并在鞋底连接处采用固特异缝制方式。由于 20 世纪 80 年代嘻哈文化的流行，袋鼠鞋又重新以复古且时尚的鞋款重新回到大众视野，成为人们彰显个性、表达自我的首选。

图8-16

8.1.16 Jeffery Campbell（杰弗里·坎贝尔）

品牌名称：Jeffery Campbell。

创始人：杰弗里·坎贝尔。

成立时间：2000年。

品牌特色：以楔形跟著称，品牌善于吸取最时尚的潮流元素，设计的鞋品前卫且性感。

品牌故事：Jeffery Campbell是一个以创始人杰弗里·坎贝尔的姓名命名的美国时尚鞋履品牌，坎贝尔很喜欢鞋子，他在18岁时开始制作鞋子。2000年，坎贝尔开始在他的车库里设计和制作鞋子，他自己动手雕刻木底、鞋跟，手工雕花染色，选取独一无二的帮面材料与鞋底搭配，坎贝尔做的鞋子多数为楔形跟，因此坎贝尔又被称为"楔形跟之王"。

坎贝尔的设计灵感来源于日常生活中的女性，坎贝尔善于预测每个季节的流行趋势，每年设计并创作出大量不同风格的鞋子，深受年轻女性的追捧。其中2010年Jeffery Campbell推出的Lita短靴系列荣获"年度最佳鞋"，Lita以20世纪70年代乐队The Runaways成员Lita Ford的名字命名，这款鞋子至今已有164种不同的颜色，有65种不同的设计元素，共卖出约16万双，可见这款鞋的流行程度。Lita适合日常穿着，13cm的粗鞋跟加5cm的防水台让穿着者走起路来不费力气，也能够搭配各种服装，适用于很多场合。

坎贝尔个人比较低调、谦虚，一直躲在品牌的幕后以独特的设计和创意推动Jeffery Campbell品牌发展。

8.2

其他时尚品牌及经典设计

本节中的品牌并非鞋类专业品牌，在时装、箱包、配件等方面也多有涉及，这些品牌并非以制鞋起家，即使现在他们在鞋类产品方面的设计和做工独到、精湛，我们也无法将其归类为专业鞋类品牌。

8.2.1 Gucci（古驰）

品牌名称：Gucci。

创始人：古驰奥·古驰。

成立时间：1921年。

品牌特色：品类全面且富有艺术时尚气息。

品牌故事：古驰是意大利的时装品牌公司，由 Guccio Gucci（古驰奥·古驰）在1921年创建于意大利佛罗伦萨，是全球奢侈品品牌之一，现隶属开云奢侈品集团，也是意大利最大的时装集团。古驰的产品包括时装、皮具箱包、皮鞋、手表、领带、丝巾、家居用品及宠物用品等。

在古驰鞋品中比较有名的是马衔扣乐福鞋（图8-17）。古驰的马衔扣乐福鞋问世于1953年，是由 Aldo Gucci 在美国纽约出差时设计出来的，当时在美国很多人都穿着乐福鞋，不过鞋形款式单一，Aldo 回到意大利后就把乐福鞋加入了品牌生产线，并在古驰的乐福鞋上增加了金属扣——马衔扣作为装饰。马衔扣本身是骑马时放在马嘴里的一个金属咬口，其目的是驾驭坐骑利于骑马，后来 Aldo Gucci 将这个金属元素广泛应用在古驰的皮具产品中，以至于有很多人误以为古驰家族是做马具起家的。1968年古驰品牌推出带有马衔扣的女款乐福鞋，为干练的职业女性提供了舒适化的鞋履。古驰的马衔扣乐福鞋很快风靡全球，英国女王伊丽莎白、美国前总统小布什都在重要场合穿着古驰的马衔扣乐福鞋，在电影《华尔街之狼》中古驰的马衔扣乐福鞋作为精英男士的鞋品也有多个镜头。

图8-17

1985年，大都会艺术博物馆将古驰的这款马衔扣乐福鞋定位为时尚经典，并永久收藏。

古驰的 "Jordaan leather loafer" 和 "Brixton leather loafer" 是在经典款马衔扣乐福鞋的基础上延伸出来的款式。"Jordaan leather loafer" 鞋子的后跟衬里没有添加硬质港宝，后跟柔软可以踩在脚下作为拖鞋款穿着。"Princetown leather slipper" 是在古驰马衔扣乐福鞋的基础上延伸设计出的一款"懒人拖鞋"，这款鞋也有马衔扣作为标识性品牌象征。从1953年到现在，古驰的乐福鞋系列在追随潮流的过程中不断更换各种流行元素，如牛仔面料、真皮刺绣、茸毛装饰、鞋跟镶嵌等。

8.2.2　Alexander McQueen（亚历山大·麦昆）

品牌名称：Alexander McQueen。

创始人：亚历山大·麦昆。

成立时间：1992年。

品牌特色：设计作品充满了叛逆、夸张、戏剧、宗教等风格，品牌体现出对女性角色的关怀和对未来世界的期待。

品牌故事：Alexander McQueen（亚历山大·麦昆），原名 Lee Alexander McQueen，1969年3月出生于英国伦敦，麦昆从小就帮姐姐们制作衣服，他最大的愿望就是成为服装设计师。由于小时候家境贫寒，家里孩子众多，麦昆的父亲希望他能够做收入稳定的水电工，母亲的默默支持成为性格孤僻、内心叛逆的麦昆的唯一精神支柱。16岁那年，麦昆高中没有毕业就离开了学校，在伦敦著名的萨维尔巷 "Anderson & Sherppard" 裁缝店做学徒，在那里麦昆学到了传统的英式制衣技术，练就了扎实且精湛的基本功。在为日本设计师立野浩二工作期间，麦昆学到了3D制衣剪裁法。学徒时代对麦昆影响最大的，是立野浩二大胆且先进的设计理念，这坚定了麦昆打破"传统"时尚限制的信念。

离开萨维尔巷后，20 出头的麦昆去英国顶级时尚设计类院校圣马丁应聘打版教师的职位，却被面试他的教授极力劝说放弃工作去攻读硕士学位，就这样高中没有毕业的他跳级读了圣马丁的女装硕士。在圣马丁读书期间，麦昆学习到了如何将抽象设计、灵感元素、面料创意等转化为现实。虽然最终的毕业成绩不理想，但是麦昆遇到了他的伯乐——Isabella Blow（伊莎贝拉·布罗），布罗通过麦昆的作品看到了他身上惊人的天赋，她以 5000 英镑的高价将麦昆的全套毕业设计买下来，并为麦昆提供了大量人脉和时尚资源，使得麦昆从无人知晓的学生变成时尚界顶级的宠儿。在布罗的建议下麦昆将名字改为 Alexander McQueen，开启了时尚界的"麦昆时代"。

由于童年的痛苦经历和母亲对宗教的崇拜，麦昆设计的作品充满了叛逆、夸张、戏剧、宗教等风格，他被称为"时尚坏孩子""英国的时尚教父"。

在麦昆所有的鞋履设计中最具代表性的是 2010 年在麦昆的春夏秀场上出现的 Armadillo 鞋〔犰狳（qiú yú）鞋，图 8-18〕，犰狳鞋的设计灵感来自未来两极冰雪融化，海平面上升，地球生命将再次进化为生活在海底或者消亡。鞋子不仅视觉效果颠覆想象，而且穿着时都在挑战人类脚骨极限，脚背几乎绷直成 90°。犰狳鞋高约 25.4cm，每双鞋子需要手工将鞋底防水台雕刻、打磨出来，鞋子衬里和帮面需单独制作，鞋楦脚趾上方空余出空间以便穿着者行走，帮面的材料颜色绚丽，并且有类似犰狳背部般的铠甲肌理，所以取名为"犰狳鞋"。全球共有 21 双犰狳鞋，由于 Lady Gaga 极度喜欢这套作品，她收集了 10 双犰狳鞋。麦昆天马行空的想象力，将时尚的鞋子带入了艺术领域，这套臻品鞋履也作为顶级艺术品被拍卖。

2010 年的"Plato's Atlantis"春夏秀成了麦昆的绝世之作，母亲的离世、亦师亦友的布罗的自杀和其他种种原因导致麦昆自杀，其自杀时年仅 40 岁。

图8-18

8.2.3 Maison Martin Margiela（梅森·马丁·马吉拉）

品牌名称：Maison Martin Margiela（现更名为 Martin Margiela）。

创始人：马丁·马吉拉。

成立时间：1988 年。

品牌特色：通过服装的解构和布料的性能，将服装重新构建、缝制，打破了服装的传统结构，鞋品以 Tabi 分趾鞋著称。

品牌故事：马丁·马吉拉于 1959 年出生于比利时亨克，毕业于安特卫普皇家艺术学院，是全球盛名的"安特卫普六君子"之一，因为行事低调、照片很少，马吉拉也被人称为"隐形服装设计师"。马吉拉曾做过 Jean Paul Gualtier 的助手，也曾做过爱马仕的女装创意总监，1988 年创立品牌 Maison Martin Margiela，1989 年第一场秀就以特立独行的表现形式改变了时尚圈的游戏规则——将秀场定在巴黎的荒地上，没有安排座位，附近居住的小孩随意在秀场中穿行、嬉戏。马吉拉向来以服装的解构重组而闻名，并且有超越时代的环保理念。

在马吉拉的鞋履产品中最为出名的是 Tabi 分趾鞋，Tabi 分趾鞋以日本人穿木屐时穿的"分趾袜"为灵感，"创造隐形的鞋子，人们可以裸足走在一个粗高跟上"是马吉拉最初的设计理念。在 1989 年 Maison Martin Margiela 的第一次秀场上出现的 Tabi 分趾鞋是裸色的，为了避免观众忽略这双鞋，马吉拉让模特在鞋底涂上红色涂料，每走一步就在纯白的棉布 T 台上留下鲜红的脚印，痕迹让人不可忽视。1996 年马吉拉设计了一款只有高跟鞋底、没有帮面的 Tabi 终极版，这款名叫"Topless sandals"的鞋子需要用透明胶带绑在脚上以便穿着者行走。再后来马吉拉开发了很多关于 Tabi 分趾鞋的鞋类产品，例如硫化帆布鞋的 Tabi、穆勒 Tabi、平底 Tabi。

Tabi 分趾鞋是马吉拉作为时尚设计师设计的最为出名、辨识度最高的一款鞋子，多年以来他每年都会以独特的方式创新 Tabi 分趾鞋（图 8-19）。Maison Martin

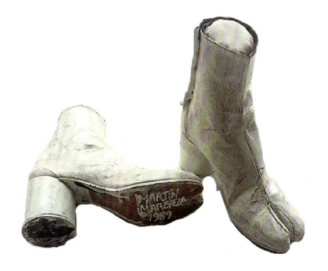

图 8-19

Margiela 这个品牌以超前的设计结构影响了后来的一批设计师，2018 年 Vetements 秋冬也推出了一款分趾鞋，旨在向马吉拉致敬。

时尚行业设计师和品牌众多，还有许多品牌在鞋类设计方面多有创新和特色，本章难以面面俱到。还有很多国家和地区有许多在当地非常知名且有很强区域影响力的品牌，例如英国的 Russel & Bromley、Kurt Geiger，意大利的 Prada、Nero Giardini、Dsquared，法国的 LV、Celine、Chanel，日本的川久保玲、山本耀司等，这些品牌都有自己的经典款式和品牌文化。

对品牌的认知和对设计作品的关注是成为一名优秀鞋类设计师的必备素质。本书只能为大家打开一扇大门，还期望大家以此为起点，做好针对本行业的更为深入的调研，加强认知。

9 经典的装饰设计元素

除了本书提到的鞋楦、鞋跟、鞋底、款式这几大重要结构性经典元素之外，与装饰和设计结合最为紧密的就是帮面及相关部件。可用于鞋类装饰设计的配件和元素种类较为多样，本书借此机会对常见元素进行罗列、总结，以方便鞋类设计师在实际工作中选择和使用。这些装饰部件是设计师的重要设计手段，在很多情况下，这些配件元素不但关乎设计装饰，而且具有很重要的实用价值。

9.1

单一性装饰元素

单纯以美化、装饰鞋子为主要功能的元素，称为单一性装饰元素。如果从鞋子上去掉这些装饰元素，不会影响鞋子的正常穿着和使用，只会造成鞋子美观程度的降低。

9.1.1　人造花

（1）背景文化。

花可能是最为常见的装饰元素。鲜花是很常见的，但花期一过随即凋谢，所以很早以前人们就开始尝试使用各种其他材料制作人造花（artificial flower）来装饰生活，例如唐代名画《簪花仕女图》就是唐代使用人造花的鲜明写照。

（2）常见使用位置：鞋口、靴筒、脚踝处、足背处。

（3）应用产品类别：春夏季休闲、时尚类产品。

（4）种类：塑料人造花（图9-1）、皮革人造花（图9-2）、布料人造花（图9-3）、网纱人造花（图9-4）。

图9-1　　　　　　　　图9-2

图9-3   图9-4

9.1.2 蝴蝶结

（1）背景文化。

蝴蝶结（bow）是较为常见的鞋类装饰元素，其种类有很多，制作材料也较为多样。它的装饰风格比较符合大众审美，给人以端庄、清新、可爱、女性化的感觉。在各个季节及各个年龄段的鞋类产品中都有较多应用。

（2）常见使用位置：鞋口、靴筒、脚踝处、足背处。

（3）应用产品类别：休闲、时尚、可爱风。

（4）种类：皮革蝴蝶结（图9-5）、丝带蝴蝶结（图9-6）、丝质蝴蝶结（图9-7）、塑料蝴蝶结（图9-8）。

图9-5   图9-6   图9-7   图9-8

9.1.3 刺绣

（1）背景文化。

刺绣（embroidery）是一种古老的装饰手法，这种工艺是通过针线在纺织或其他类型材料上进行。刺绣的材料多样，除了常见的各式线绳以外，还有珠子、亮片、羽毛等材料可用于刺绣。刺绣的针法也多种多样，如十字针法、链式针法、锁缝针法等。很多刺绣针法只能通过手工完成。刺绣工艺在全世界各地都有出现，在我国战国时期就有应用。

绣花工艺是以非常密集的针线排列形成图案。皮革绣花与传统织物刺绣有所差别，主要体现在应用材质不同。皮革是天然材质，在显微镜下，以细小皮革纤维交错连接构成，密集的针线排列容易使皮革纤维折断脱落。而织物是人工材质，以丝线的规则穿插纺织而成，密集的针线图案不会使其折断。所以无论是在手工刺绣还是在电脑绣花过程中，一定要注意针距排列和绣法，避免切断皮革。

（2）常见使用位置：帮面、靴筒。

（3）应用产品类别：休闲、时尚、民族风。

（4）种类：机绣（图9-9）、十字绣（图9-10）、亮片绣（图9-11）、串珠绣（图9-12）。

图9-9　　　　　　　　　　　　　图9-10

图9-11　　　　　　　　　　　　　图9-12

9.1.4 雕刻

（1）背景文化。

雕刻（carving）效果丰富，形式也多种多样，可以分为浮雕和刻雕。

浮雕效果在植鞣皮革及其产品中十分常见。铬鞣皮由于具备良好的弹性和防水性，不适用于进行浮雕作业。浮雕设计主要是利用植鞣皮革良好的吸水可塑性进行设计创作。将按设计要求已经划料完毕的皮革浸湿，使其软化吸水，使用皮雕工具在皮革之上雕刻出想要的花纹和图样。皮革浮雕效果凹凸有致，经典质朴。由于植鞣皮革坚硬且厚重，浮雕设计多用于设计制作造型简洁的皮革产品。高频压花机的出现可以使皮革浮雕效果快速呈现并持久定形，使产品设计感更加现代化、多样化。

刻雕设计效果运用广泛，早期人们使用手工工具进行雕刻，例如使用各种形状的冲子、刻刀等。电脑激光雕刻机的出现，极大地为工艺的广泛运用提供了方便。将样版尺寸和形状扫描输入电脑中，将设计在电脑中排版、调试后再进行雕刻，可以有效地控制设计排布，提高材料使用率，减少雕刻错误。

刻雕根据效果不同，可分为浅雕（kiss-cut）、深雕（engrave）和透雕（cut through，即镂空）。浅雕，是指在皮革原有表面效果之下雕刻出皮革浅层次皮青，图案与原有表面效果形成对比，在雕出的皮青上还可以进行上色处理，以增强图案效果。深雕，顾名思义，刻入皮革更深处，通过刻痕形成重线条。透雕是将皮革完全切断，利用所形成的图案或图案的负形态进行表面装饰。设计师还可以利用下垫各种效果的衬料来增强设计的层次感。

（2）常见使用位置：帮面、靴筒。

（3）应用产品类别：休闲、时尚。

（4）种类：浮雕（图9-13）、浅雕（图9-14）、透雕（图9-15）。

图9-13

图9-14

图9-15

9.1.5　印花

（1）背景文化。

印花（printing）是一种最为快捷、简便的表面再造设计形式，这种工艺很大程度上由设备完成，不但节省了人力，而且图案丰富，选择面很宽。任何图案只要符合设计师的设计要求都可以直接排版在皮革上进行印制。

皮革由于其特殊的材质特点，在进行打印设计的时候应考虑皮革本身的渗透性和吸水性，以免皮革过分吸收打印油墨而产生色彩效果弱化现象。另外，由于打印油墨是一种半透明的液体形式，还应当将皮革本身的颜色因素考虑在内，反差过大的底色或过稀的油墨必然会导致打印色彩的偏差。由于印花的主要工作由机器完成，建议在进行正版操作之前，先进行样版效果测试，以免产生不必要的失误。

（2）常见使用位置：帮面、靴筒。

（3）应用产品类别：休闲、时尚。

（4）种类：丝网印刷（图9-16）、高周波处理（图9-17）。

图9-16　　　　　　　　　　　　　　　　图9-17

9.1.6　钻饰

（1）背景文化。

切工优良的水晶钻与真正的钻石（diamond）一样，具备一种独特耀目的光泽，它可以使皮革产品在坚硬的外表下平添几分高贵与妩媚。由夺目的各色钻饰搭配组成的图案装饰效果格外突出。可以说，钻饰是晚装系列产品设计的绝佳选择。由于皮革制品的制作过程较为烦琐，皮革的钻饰设计一般是在整个产品制作工序完成之后再进行的，以免在制作过程中造成钻饰的脱落。钻饰设计可分为镶钻和烫钻，镶钻工艺与铆钉饰扣装饰设计方法类似，通过钻托本身的变形、咬合进行固定。烫钻工艺由于需要用胶粘，所以对材质质地要求较高。一般来说，烫钻设计可以较好地应用在纺织面料与羊筋、磨砂皮上，其对表面平整、光滑的皮革附着力较差，易造成脱落。所以在进行烫钻之前应先按照钻饰大小剔除平滑表面，然后再进行操作。

（2）常见使用位置：帮面、靴筒。

（3）应用产品类别：休闲、时尚。

（4）种类：镶钻（图9-18）、烫钻（图9-19）。

图9-18　　　　　　　　　　　　　　　　　　图9-19

9.1.7　金属饰品

（1）背景文化。

金属饰品（metal ornament）是鞋类装饰元素的主要种类之一（图9-20），在制鞋行业中具有庞大的市场。常见的金属饰品的颜色有金色、浅金色、玫瑰金色、古铜色、银色、枪灰色等。常见的表面效果有抛光、拉丝、磨（喷）砂等。

（2）常见使用位置：鞋口、靴筒、脚踝处、足背处。

（3）应用产品类别：休闲、时尚。

图9-20

功能性装饰元素

以美化、装饰鞋子为功能且兼具其他功能的元素，称为功能性装饰元素。如果从鞋子上去掉这些功能性装饰元素，会影响鞋子的结构、正常穿着或使用。

9.2.1 褶皱

（1）背景文化。

在传统设计中，人们为避免不必要的褶皱（pleat）出现进行了很多尝试，但将平面的面料制作成三维产品势必要进行材料造型改造，这时人们尝试将褶皱变成一种装饰元素，经过设计的褶皱不仅可以解决结构的问题，也可以增强款式的美观程度。

褶皱按照形式大致分为三种：第一种是自然褶皱。即面料经过设计放量，通过衬里或饰扣等的张力与拉力形成的天然褶皱。这种褶皱自然柔和，出现在产品预定的设计部位。设计时应注意放余量的计算和控制，避免因放量不准导致的格板偏差。第二种是规则褶皱。面料经过设计放量，使用车线、胶黏剂、压合等手段制成的规则、匀称的褶皱。这种褶皱工整、端正，以形式感取胜，极富装饰效果，多用于产品设计最为显眼的部位，作为设计卖点。由于其工艺要求工整、严谨，设计制作时要格外细心。第三种是抽褶。面料通过松紧带或穿线等形成的褶皱，褶皱均匀分布于松紧带或线的两侧，使其不但具有极佳的装饰效果，还具有很强的功能性，所以多出现于靴筒口以及鞋的统口处等。设计加工时应注意控制松紧带的松紧程度，避免过松或过紧造成的穿着不舒适以及附着力不强。

（2）常见使用位置：靴筒、脚踝处。

（3）应用产品类别：休闲、时尚。

（4）种类：自然褶皱（图9-21）、规则褶皱（图9-22）、抽褶（图9-23）。

图9-21

图9-22 图9-23

9.2.2 铆钉

（1）背景文化。

铆钉（rivet）是一种中规中矩的装饰设计元素，可以提高设计的层次感。它也是前卫人士的最爱，以彰显他们叛逆不羁的生活态度。在实际使用中应在创意思维以及设计实施过程中对铆钉的风格进行有效控制，以免设计效果南辕北辙。铆钉的种类和风格较为多样，有圆形、方形及多边形等形状，又有平、鼓、尖的差别，也有不同的铆合方式。

（2）常见使用位置：常与皮革、纺织材料等软质面料相结合，多使用在鞋面、鞋跟包层皮等处。

（3）应用产品类别：时尚、前卫。

（4）种类：装饰性铆钉（图9-24）、功能性铆钉（图9-25）。

图9-24 图9-25

9.2.3 扣件

（1）背景文化。

扣件（buckle）是较为常见的鞋类装饰元素，扣件和结构紧密相关。鞋类扣件有多种材质，如金属、塑料、木质等。有的扣件是功能性扣件，关系鞋的穿脱固定或肥瘦调节等功能；有的扣件仅仅起到装饰作用，穿脱和肥瘦调整功能依靠拉链、魔术贴等实现；有的扣件兼具功能性和装饰性。

（2）常见使用位置：足踝、足背、靴筒口。

（3）应用产品类别：时尚、正式。

（4）种类：功能性扣件（图9-26）、装饰性扣件（图9-27）。

图9-26　　　　　　　　　　　　　　　　　图9-27

9.2.4　鸡眼

（1）背景文化。

鸡眼（eyelet）是十分常见的鞋类功能性装饰元素，鸡眼常用于穿鞋带、穿针扣、做透气孔等。也常常被用于单纯装饰鞋靴面。在使用过程中常常进行排列方式、颜色、大小、形状等方面的设计。

（2）常见使用位置：鞋耳、腰帮、靴筒绑带处。

（3）应用产品类别：时尚、休闲。

（4）种类：功能性鸡眼（图9-28）、装饰性鸡眼（图9-29）。

图9-28　　　　　　　　　　　　　　　　　图9-29

9.2.5　拉链

（1）背景文化。

拉链（zipper）由惠特科姆·贾德森于1893年发明。现在已经广泛应用于服装、鞋、帽、箱包等诸多领域。拉链发展至今已经有了很多种类，如金属拉链、塑料拉链、磁力拉链、隐形拉链、防水拉链、双向拉链、开尾拉链、合尾拉链等。

（2）常见使用位置：靴筒。

（3）应用产品类别：靴类较为常用。

（4）种类：功能性拉链（图9-30）、装饰性拉链（图9-31）。

图9-30　　　　　　　　　　图9-31

10 经典的应用

虽然设计需要天马行空、发散思维、头脑风暴，但任何种类的产品都有其经典的设计方法，这些方法之所以能沉淀下来成为经典，是长期实践的结果。一方面是长期的审美实践：经典的设计能得到设计师、消费者等大多数人基于审美的长时间认可。另外一方面是长期的工艺实践：经典的设计必然在工艺技术方面具有安全可靠、环保节约、舒适耐久、易于量产等特征。是否能合理使用这些设计方法，往往是区分设计师有无设计实践经验的显著标志。

想要成为一名合格的鞋类设计师，如何去合理地应用经典，就显得格外重要。本章着力解决如何使用经典的问题。

10.1

鞋的经典设计部位

设计师要进行鞋类设计，如何开始？应从何处着手？首先要确定并了解设计的"命题"。除了了解设计的目的是什么、为谁设计之外，更需要关注品牌所需要的设计工作流程。例如，某国内公司要求设计师每年有 4 ～ 6 个产品开发季，每季完成 12 组产品，每组完成 4 ～ 6 个设计款式，每款完成 3 ～ 5 个配色，这是专业鞋类公司常见的开发任务量。那么如此算来，平均每个设计师每年要完成 576 ～ 2160 个款式样品。这样的设计开发任务量需要的一定是"短、平、快"的设计工作流程，无法进行周期较长的全原创设计，只能进行局部改良设计。这也是我国很长一段时间以来最为常见的鞋类设计开发模式。这种模式是基于我国产业长期以来赖以生存的"工厂模式"而产生的。

在这种工作要求下，设计师需要了解并掌握鞋上可以进行设计的经典部位有哪些，可以运用的设计手段和材料、工艺有哪些，运用设计制作经验做好二者的搭配组合工作，并在此基础上进行小范围的设计创新。接下来，本章就对鞋类经典装饰部位进行罗列。

10.1.1　鞋头

鞋头位于鞋的最前端，且始终会显露在外，它与鞋的风格息息相关，是鞋类设计最重要的部位之一。尤其是那些与长裤搭配的鞋类款式，在鞋头做设计的频率很高，因为其他部位或多或少会被长裤所覆盖。

常见的鞋头部位设计方式有鞋头造型、工艺结构、装饰工艺、配料配色等（图 10-1）。

图 10-1

10.1.2　足跟

足跟部位由于在行走过程中结构形态较为稳固，

常常得到设计师的眷顾。尤其足跟后部及外侧部位是实施设计的重点部位。足跟内侧部位由于不太显眼，且在行走过程中容易产生摩擦而较少对其进行设计。足跟部位设计常见于男女休闲鞋、时装单鞋、靴。

常见的足跟部位设计方式有足跟配饰、足跟结构等（图10-2）。

图10-2

10.1.3 鞋口

鞋口部位是设计师最关注的部位之一，它不但涉及设计美观，还关系穿着舒适。鞋口线条也是体现设计师设计水平的关键。鞋口部位设计常见于女式时装鞋（图10-3）、休闲类单鞋。

常见的鞋口部位设计方式有鞋口线条、鞋口工艺、统口配件等。

图10-3

10.1.4 鞋垫及包中底

鞋垫及包中底位于鞋的内堂，是很容易被忽视的部位，在深口鞋以及靴子中，该部位一般被包裹在内，较少裸露在外，但在单鞋、凉鞋等产品品类中，鞋垫及包中底部位大面积裸露在外，是十分重要的设计装饰点，设计师必须对其足够重视。鞋垫与包中底相辅相成，配合方式也较为多样。常见类型有全掌包中底、前掌包中底、全（半）掌中底包边、全掌鞋垫、半掌鞋垫等。

常见的鞋垫及包中底部位设计方式有配料配色、鞋垫结构、鞋垫造型、标志工艺等（图10-4）。

图10-4

10.1.5 衬里

衬里多位于鞋面的反面和鞋的内堂部位，与足部常常直接接触。在多种鞋类中，衬里都是重要的设计点，它不但对穿着舒适度（保暖、透气、光滑程度）等功能性有设计要求，而且对视觉美观度也有设计要求。

常见的衬里部位设计方式有配料配色、结构工艺等（图10-5）。

图 10-5

10.1.6 足踝外侧

　　足踝外侧部位是鞋类十分常见的装饰部位，该部位的足踝关节运动方式对外侧设计装饰效果基本不会产生影响。该部位的设计装饰常见于靴类。

　　常见的足踝外侧部位设计方式有结构工艺、装饰配件等（图 10-6）。

图 10-6

10.1.7 鞋侧

　　鞋侧部位面积较大，是鞋的常见设计装饰部位，可运用的装饰设计手段也较为多样。但在设计过程中需要注意足部行走相关关节的活动规律。该部位设计多基于软质材料，应避免使用硬质装饰，以免影响行走动态。

　　常见的鞋侧部位设计方式有结构线条分割、配料配色、装饰再造、结构工艺等（图 10-7）。

图 10-7

10.1.8 包跟、包水台

　　鞋跟和防水台的包裹材料和包裹方式是鞋类设计师常见的设计考量。由于鞋跟和防水台的类型较为多样，决定了包跟和包水台方式的多样性和可设计性。

　　常见的包跟、包水台部位设计方式有配料配色、肌理效果（图 10-8）。

图10-8

10.1.9 鞋带及鞋眼

鞋带与鞋眼常常一同出现并一同设计。在当今鞋类特别是高靴的设计中，鞋带及鞋眼很多时候仅仅是一种装饰，鞋的开合穿脱功能由更为方便的拉链等所取代（图10-9）。但鞋带及鞋眼本身的装饰性和穿带方式的多样性，使得它们成为设计师求新求变的手段之一。

常见的鞋带及鞋眼部位设计方式有配料配色、排列方式（数量、穿插、线条）。

图10-9

10.1.10 鞋舌

鞋舌是很多鞋类的经典结构要素，例如深口鞋、靴等。鞋舌往往与鞋带、鞋眼一同出现，用于实现鞋靴内腔的完整性，分隔皮肤与鞋带。除以上实用性功能之外，鞋舌也常被设计师当作一种设计元素。

常见的鞋舌部位设计方式有标志工艺、鞋舌造型等（图10-10）。

图10-10

10.1.11 靴筒口

靴筒口是靴子最为常见的设计部位之一。在该关键部位往往使用质量较好的材料，不但需要考虑外部的设计装饰效果，更要考虑靴筒口内部衬里的搭配，甚至靴筒口的外翻效果等。

常见的靴筒口部位设计方式有线条造型、装饰配件、配料配色、翻折或束紧功能等（图10-11）。

10.1.12 靴筒侧

靴筒侧部位是鞋类面积最大的平面装饰设计部位。该部位给鞋类设计师提供了较大的设计发挥空间。由于不涉及额外的功能和关键部位，所以可运用的设计手段十分多样。

常见的靴筒侧部位设计方式有配料配色、装饰再造、结构工艺、装饰配件、版式造型等（图10-12）。

图 10-11   图 10-12

经典的设计方法

本章 10.1 节提到的是国内的"改良型"产品设计开发流程，国外普遍实行的是"原创型"产品设计开发流程。国外每年普遍完成两个主要产品开发季（春夏、秋冬），大型品牌公司在产品开发季主要完成时装周走秀发布的产品。这些产品为全原创设计，设计周期较长，设计过程完整。作品具有很强的设计前瞻性和趋势引领性，时装周走秀的主要作用是展示品牌或设计师的设计主张并进行后续新品商业推广。除此之外，还会完成两个商业产品开发季，用于商业性产品的推广、订货。这是欧美时尚品牌长期沉淀下来的成熟的设计开发模式，是我国鞋类设计行业的未来发展方向。

"原创型"产品设计开发流程所应用的设计方法与"改良型"产品设计开发流程所应用的设计方法存在明显差别，在设计工作中需要找到设计出发点，即灵感来源、概念或立意。它决定了未来产品的设计方向和风格。

10.2.1 设计出发点

在进行原创设计之初，需要尽快找到设计的出发点。在这一前提下必须进行大量的设计调研，其中包括：（1）客观行业因素调研，包括流行趋势、市场动态、消费需求、营销反馈等。（2）主观设计因素调研，包括结构、造型、配色、材料、工艺、功能、文化等。甚至要调研主客观因素的交叉结合情况，如色彩的流行趋势、材料的市场动态、工艺的营销反馈等。

设计调研过程需要带着强烈的目的性，广泛地收集可能成为潜在设计元素的多元信息。强烈的目的性会使调研者在杂乱的设计信息和元素中时刻保持敏感。设计调研过程也是进行头脑风暴的过程，眼界和思路都需要尽可能放宽，鼓励设计师进行跨学科、跨领域的尝试。越是鲜有人涉足的远方越可能更容易找到更美的花朵，越是简单易得、频繁使用的设计点反而越难做得出彩。

在原创性的设计过程中，本书不主张强调寻找所谓的设计"灵感"，设计更应该是由设计调研、设计分析、设计实验和设计方法所成就的，是一个充满理性思考和客观论证的过程。设计元素的使用和舍弃均需要具备充分的理由，如为什么选择红色而非绿色？设计师不能将设计过程笼统、简单地归因于"灵感"的偶发。

在调研结束之后需要进行资料的整理、分析以及设计实验。拉近"远方的"设计点与"近处的"目标产品的距离，通过工艺实验的方式将两者桥接，以论证各个设计点的可实现性。

关于客观行业因素调研的书籍资料已经较为丰富，本节主要对主观设计因素加以论述。纷繁复杂的设计信息收集完成后可进行以下方面的分类与思考。

1. 结构

结构设计是设计师在进行产品设计制版时最为常用的设计手段，设计师在制版时可以通过线条的分割完成产品的结构设计。

设计师在设计时需要考虑：帮面如何分割，条带如何排列，块面之间如何连接，边与缝如何处理，在什么部位进行怎样的结构设计，该结构是否具备设计美感，是否安全牢靠，是否便于批量生产，是否会造成材料损耗或浪费，版型以及线条是否具有美感等。

2. 造型

造型是需要重点关注的设计点，既包括产品整体造型，也包括产品局部造型。造型往往通过材质或版型来体现（图10-13）。

图10-13

设计师需要重点考虑：造型的设计美感，造型工艺批量可实现性，造型的实现方式及成本，造型的材料，造型的重心及使用安全性。

3. 配色

色彩搭配是设计领域的重点，在鞋类设计领域色彩搭配尤其重要，它不仅需要考虑产品本身的色彩美感、流行性，还需要考虑季节因素、服饰搭配因素等。

设计师需要重点关注：色彩的色系，色彩搭配及所表现出的风格，染、镀、显示、批次的色差，色彩的叠加混合，色彩的标号及标准，流行色等。

4. 材料

材料是设计工作开展的基础，一切设计产品都是通过各种材料搭配完成的（图10-14）。设计师必须掌握丰富的材料使用知识，具备材料搭配和处理的经验，否则设计工作寸步难行。

设计师需要重点关注：材质的匹配，材料的特性及使用方法，材料的创意再造，流行材料，材料的环保性等。

图10-14

5. 工艺

工艺环节是其他设计元素最终变成成品的手段和必经之路。跨界工艺设计是体现设计师中高级能力水平的关键点。设计师需要具备不同领域扎实的工艺基本功以及灵感，才可能在工艺设计方面做出突破性和实用性兼具的优秀设计作品。

常见的表面装饰工艺：钉、绣、刻、雕、印、绘、烫钻、褶皱、装饰缝线等（图 10-15）。

图10-15

工艺跨界涵盖面非常广泛，如皮革工艺与金属工艺、折纸、3D打印等的跨界融合。

6. 功能

以功能为设计出发点对设计师的能力水平有较高的要求。功能的创新实验性强，所涉及的创新点很多。成功的功能设计往往具备对传统功能的突破性或颠覆性。

鞋类的功能设计往往着眼于穿着方式、紧缚方式、行走方式、健康保护、运动助力、跨界功能等方面。

7. 文化

文化是设计的灵魂。服饰流行文化、历史文化、社会文化等常常应用于鞋类设计领域，且各种文化常常相互交织。设计师可以将文化作为设计工作的出发点，在文化中汲取设计养分。文化和流行常常以循环的形式出现，风潮过后多年又再度复兴，迎来文化和审美情趣的回归。

文化还常常与配色、材料、造型等相融合，不同的色、料、形等常常体现着不同的文化形态（图10-16）。

图10-16

10.2.2 设计感与秩序感

在实践中，很多年轻设计师在设计命题前常常感到手足无措，不知道使用什么样的方法去设计，如何设计出好的鞋类作品。此时首先要明确鞋类设计需要做什么，其次需要明确如何做。

鞋类设计是使用各种材料，将创新的鞋类设计概念通过精美的工艺实现的过程，即要求设计师懂材料、能设计、会制作。设计师须具备经验、创意、技能。设计过程为资料—整合—实现的过程。

在原材料市场中，设计资料往往是丰富而又杂乱无序的。迎新除旧，获取新材料后，将各种材料进行重新整合是设计工作的核心内容，最终达到各种材料的创新、和谐匹配。

人类的视觉审美判断是基于审美文化和审美视觉习惯的。审美文化方面：人类对于经典有着天然的熟悉感和亲近感，但也会产生厌倦感；对于超越经典的元素，常常带有接受和拒绝共生的批判眼光；由于喜新厌旧，对新生事物喜闻乐见，但也会对超出认知范畴的事物产生怀疑与批判。审美视觉习惯方面：人类视觉对于有秩序感的规律性排列常感到天然的愉悦，对于杂乱无章的元素会产生天然排斥。在这一视觉审美规律下，设计师需要将元素进行归纳、排列、组合、衬托、匹配等，以实现变杂乱为有序。

实现设计的秩序感是设计工作的重中之重。

10.2.3 设计点的权重

很多有才华的年轻设计师在找到设计规律和设计方法之后，在设计过程中常常会处于"设计井喷"的状态，即在一个设计作品中运用多个设计点、多种设计表现手段或者将某一设计点无限放大，在这种情况下，设计作品往往最终会失败。出现这一状况的原因并非设计师才华不足，更多的是该设计师欠缺设计经验，不能合理控制设计的程度，没有注意到"设计的权重"。

设计师在设计之初，首先需要明确在这件作品上要表达的设计想法是什么，其次需要明确与该想法相配合的若干次要设计想法是什么，二者是否能在作品上和谐共生，是否能分清主次，是否会相互干扰。设计师有时还需要思考：为了凸显首要的设计想法，我需要去掉或淡化哪些设计元素。例如：某件鞋类设计作品在花皮材料上进行褶皱元素设计，图案完整性被打破，褶皱效果受到图案干扰，看不清楚，这就导致皮革图案花纹与褶皱相互影响，难以共存。再如：某设计师在一件鞋类设计作品上运用了多部位、多种类的设计语言，看似已经将设计工作"做足"，但最终效果却使人感觉眼花缭乱，设计繁缛堆砌，过分夸张。原因是没有做好设计点的权重分配，未分清设计点的主次。

设计是设计师与消费者沟通的语言，它绝不是设计点的一味堆积或滥用。设计师需要思考的是：如何把合适的语言（设计）用合适的方式（工艺）和程度表达出来，与消费者产生审美上的共鸣。

10.2.4 借鉴与抄袭

另外，在这里我们需要强调的是：设计师一定要明确区分使用经典与抄袭。那些来自历史资料的没有明显商品标签属性的经典我们称之为"旧经典"，使用的自由度较大。那些来自近现代设计师、品牌的带有明确商品标签属性的经典我们称之为"新经典"，如 Gucci 的竹节扣、LV 的棋盘格、迪奥的绗缝图案等。这些新经典的使用自由度较小，使用时必须谨慎，否则很容易有抄袭之嫌。使用新经典进行商业设计甚至会产生版权纠纷，对设计师及品牌造成极大的负面影响。

结 语

在设计院校中，学生进行的往往都是"无命题设计"，以概念设计为主，目的是训练设计思维。而在企业中，设计师进行的都是"命题设计"，以商业设计为主，目的是产品更新及订销。无命题、有命题是设计师成长和发展的两个必经阶段，两者缺一不可。缺少了前者，设计师的设计想法会枯竭、流俗或产生抄袭之嫌；缺少了后者，设计师的作品会无法落地实现或欠缺商业价值。有设计理想的企业为了桥接两个阶段，设立如"前瞻设计部"等部门，对有价值的概念设计进行实现、转化。

想要成为一名优秀的鞋类设计师，需要具备一定的基本素质和知识结构，总结如下：

首先是基本素质方面。鞋类设计师需要具备对生活的好奇心和创造力，对流行趋势和市场动向的敏感性和关注度，具备持久、精益求精的工匠品质，开放、分享、包容的态度，求真务实及批判的精神。

其次是知识结构方面。鞋类设计师需要具备广泛的知识面，这其中最为核心的知识结构为流行趋势收集、分析、转化能力，设计研究能力，设计表现能力，工艺及材料实验能力，制版能力，工艺制作能力，沟通推广等社交能力。

最后需要强调的是"经验"。它不属于基本素质，也不属于知识结构，但却在设计师工作中实实在在发挥着重要作用。它是"工作＋时间"的积累。设计师的工作可以浓缩为"用某种材料以某种方法达到某种新效果的过程"。设计师的经验越丰富，他/她的材料、方法和选项就越多样，他/她对材料、方法的特性和工艺就越了解，设计就会越丰富、越高效。

在此，希望本书可以帮助从事鞋类设计的读者们从不一样的角度审视设计工作，在本书的基础上进一步丰富自己，做好鞋类设计这一既充满挑战又至关重要的工作。

参 考 文 献

［1］郑慧生.中国人的鞋史［J］.寻根，1998（05）：20-21.

［2］叶大兵.鞋史钩沉［J］.中外鞋业，2000（02）：05.

［3］陈琦.鞋履正传［M］.北京：商务印书馆，2013.

［4］陈谌.浅谈鞋类产品的分类与命名［J］.中外鞋苑，2016（12）：100-102.

［5］中华人民共和国国家质量监督检验检疫总局，中国国家标准化管理委员会.鞋类 术语：GB/T 2703—2017［S］.北京：中国标准出版社，2018.

鸣　谢

　　本书得到了编者所在单位——上海工艺美术职业学院的资助，由学校教务处出面联络武汉大学出版社完成了编写的组织工作。本书的编写得到了多位学校及行业领导的关心，他们对本书的编写进度保持持续关注，对结构内容等给予了诸多指导。本书由中国皮革和制鞋工业研究院参与编写，同时也广泛征求了院校及行业多位专家和朋友的意见，使用了上海国学鞋楦设计有限公司等多家企业的资料，这对最终成书起到了推动作用。林思宇、易鸣、熊福林等几位皮具艺术设计专业的学生在课余时间为本书的图片整理及编辑做了大量的工作，相信他们在此过程中也收获了不少专业知识。本书的编写历时较长，且多利用工作日晚间、周末、假期时间，整个过程得到了来自家人的理解和支持。

　　在此，编者对以上所有关心本书编写及出版工作的人们表示由衷感谢！

盛　锐

2019 年 6 月于嘉城